U0184806

上海社会科学院重要学术成果丛书·专著

高质量发展系列

从旧区改造到城市更新

上海实践与经验

From Old Area Renovation to Urban Renewel

Practice and Experience in Shanghai

陶希东　陈则明　薛泽林／著

上海人民出版社

本书出版受到上海社会科学院重要学术成果出版资助项目的资助

本书是浙江省新型重点专业智库杭州国际城市学研究中心浙江省城市治理研究中心资助的《中国城市旧区改造模式转型发展研究》、上海安佳动拆迁有限责任公司资助的《上海旧区改造40年发展历程与经验研究》课题之最终成果

编审委员会

总　序

当今世界，百年变局和世纪疫情交织叠加，新一轮科技革命和产业变革正以前所未有的速度、强度和深度重塑全球格局，更新人类的思想观念和知识系统。当下，我们正经历着中国历史上最为广泛而深刻的社会变革，也正在进行着人类历史上最为宏大而独特的实践创新。历史表明，社会大变革时代一定是哲学社会科学大发展的时代。

上海社会科学院作为首批国家高端智库建设试点单位，始终坚持以习近平新时代中国特色社会主义思想为指导，围绕服务国家和上海发展、服务构建中国特色哲学社会科学，顺应大势，守正创新，大力推进学科发展与智库建设深度融合。在庆祝中国共产党百年华诞之际，上海社科院实施重要学术成果出版资助计划，推出"上海社会科学院重要学术成果丛书"，旨在促进成果转化，提升研究质量，扩大学术影响，更好回馈社会、服务社会。

"上海社会科学院重要学术成果丛书"包括学术专著、译著、研究报告、论文集等多个系列，涉及哲学社会科学的经典学科、新兴学科和"冷门绝学"。著作中既有基础理论的深化探索，也有应用实践的系统探究；既有全球发展的战略研判，也有中国改革开放的经验总结，还有地方创新的深度解析。作者中有成果颇丰的学术带头人，也不乏崭露头角的后起之秀。寄望丛书能从一个侧面反映上海社科院的学术追求，体现中国特色、时代特征、上海特点，坚持人民性、科学性、实践性，致力于出思想、出成果、出人才。

学术无止境，创新不停息。上海社科院要成为哲学社会科学创新的重要基地、具有国内外重要影响力的高端智库，必须深入学习、深刻领会习近平总书记关于哲学社会科学的重要论述，树立正确的政治方向、价值取向和学术导向，聚焦重大问题，不断加强前瞻性、战略性、储备性研究，为全面建设社会主义现代化国家，为把上海建设成为具有世界影响力的社会主义现代化国际大都市，提供更高质量、更大力度的智力支持。建好“理论库”、当好“智囊团”任重道远，惟有持续努力，不懈奋斗。

上海社科院院长、国家高端智库首席专家

序

从旧区改造到城市更新，是改革开放后政府管理部门、建设从业者、社会科学研究人员以及广大居民共同谱写的社会主义新时代的壮丽篇章。40年弹指一挥间，中国的城市化进程速度超过任何一个国家，在老破旧的城市上拔地而起的鳞次栉比的高楼、车水马龙的高架桥、鸟语花香的公共绿地，足以让每个中国人自豪。沧海桑田和日月换新的成就，也伴随着痛苦、艰辛、曲折、迷茫、期待与奋斗。时代给了中国人甜蜜的回忆，每当看到搬进舒适宽敞便利住房的居民的喜悦，就想为所有参与其中的每一分子保留一份记忆。

从1840年上海开埠到21世纪，“租界”“老城厢”“花园洋房”“石库门”“亭子间”“危棚简屋”“滚地龙”“里弄”“工人新村”“新公房”，这些居住类型既有居住条件窘迫的痛苦，也有浓郁城市人文气息的甜蜜。为改善城市面貌，提高居住条件，党和政府想了很多办法。经历过20世纪八九十年代的“365旧改”和“24平方”，体会过那种现在完全不能想象的居住困难，到2021年底上海居民人均住房建筑面积已达到37.4平方米，我们不免为所热爱的城市叫好。上海这座贯通中西文化的超大型城市的治理理念、管理诉求、技术标准的变迁，需要我们认真书写、记录下来。

上海的旧区改造非常复杂，既有历史遗留问题，如产权责权利不清、房屋使用过度、居住环境恶劣、设施配套不完善等问题，更有理念和目标等一系列的问题，即以经济效益为主，还是兼顾社会、环境和文化效益的问题。

不同的理念和目标会导致不同的工作方法和政策。国家的动拆迁条例和城市更新条例不断完善，背后都是一个个鲜活的案例，都是一个个政府反复研究的最优方案。动拆迁从业人员和居民之间，最终都会达成协议；而如何达到满意的协议，需要从实践到理论的过程。“阳光动迁”“数砖头数人口”“保障托底”“财政统筹”“两轮征询”等等办法，不是拍脑袋出来的，而是听取了无数居民的呼声，做了无数研究课题，交流总结了各地的办法。在探索的道路上，我们欣慰而自豪。

从“旧区改造”提升为“城市更新”，是城市发展模式的改变，是城市的有机更新的递进。这不再是以大拆大建腾空土地的野蛮开发作为城市发展的方式，而是沿着“留改拆”的新政思路，在既有的功能中进行精细化的甄别，需要保护保留，需要改造和拆除，需要适应性再利用的部分、可以新建的部分，从而达到城市的有机更新。政策、技术、管理、规范等等都是我们需要研究的新课题。为了建设更美好的城市、人民的城市，祝愿所有参与其中的人，再立新功。

卢汉龙

2022 年 5 月 5 日于上海

目　录

第一章
城市更新改造的基本理论分析

从城市发展史来说，城市更新是一个伴随城市起源、发展、衰落、复兴等动态变化过程的永恒话题。随着世界范围内城市更新的不断实践，国内外学者对城市更新也给予了高度关注和研究，其研究领域广泛、内容丰富、观点各异。但综观国内外研究成果发现，除了英国的彼得·罗伯茨和休·塞克斯采用专题论文集形式的理论建构尝试外[①]，就这样一种被普遍采用的城市更新发展模式，并没有一个统一完整的行动规范或理论体系，国内更缺乏对城市更新的综合性理论文献。我们在参阅大量国内外城市更新理论文献和实践案例的基础上，将以“什么是城市更新、为什么要城市更新、如何城市更新”为主线，先对城市更新的定义、特征、目标、过程、管理等核心问题，试图建构一个相对明确、统一、可行的理论体系[②]，为未来我国大规模开展城市更新运动提供必要的指导和借鉴。

第一节　城市更新的定义与特征

一、城市更新的定义

我们首先回答和明确什么叫城市更新(urban renewal)。实际上，城市

① 彼得·罗伯茨、休·塞克斯主编：《城市更新手册》，叶齐茂、倪晓晖译，中国建筑工业出版社2009年版。

② 陶希东：《城市更新：一个基础理论体系的尝试性建构》，载《创新》2017年第4期，第16—26页。

更新是世界各地在工业化和城市化进程中,特别是在“二战”以后,应对城市的战争创伤和转型发展而作出的一种城市发展策略和模式选择。欧洲相关学者的研究认为,城市更新在不同时代具有不同的称谓。从城市开发过程来看,真正的城市更新是在20世纪90年代出现的一种普遍叫法(表1.1)。[①]如果简单理解的话,所谓城市更新,就是针对城市衰退地区[②]而开展的土地再开发和重建运动,旨在遏制城市衰退进程,促使城市保持应有的发展活力。但纵观已公开发表的大量文献,我们发现,学术界至今对城市更新尚没有一个统一的定义。英国学者彼得·罗伯茨和休·塞克斯给城市更新给出的定义是:城市更新就是“综合协调和统筹兼顾的目标和行动;这种综合协调和统筹兼顾的目标和行动引导着城市问题的解决,这种综合协调和统筹兼顾的目标和行动寻求持续改善亟待发展地区的经济、物质、社会和环境条件”[③]。显然,这一定义仍显得有点笼统和模糊。

我们以为,所谓城市更新,就是在城市转型发展的不同阶段和过程中,为解决其面临的各种城市问题(经济衰退、环境脏乱差、建筑破损、居住拥挤、交通拥堵、空间隔离、历史文化破坏、社会危机等),由政府、企业、社会组织、民众等多元利益主体紧密合作,对微观、中观和宏观层面的衰退区域(城中村、街区、居住区、工厂废旧区、褐色地块、滨河区、整个城市乃至城市区域等),通过采取拆除重建、旧建筑改造、房屋翻修、历史文化保护、公共政策等手段和方法,不断改善城市建筑环境、经济结构、社会结构和环境质量,旨在构建有特色、有活力、有效率、公平健康的城市的一项综合战略行动。

---

① 城市更新并不是一个新理念,工业化发展程度较高的欧洲城市早在19世纪就已经开始实行了所谓的城市更新,美国政府在1949年提出了全面的城市更新战略,但两者的涵义不尽相同。

② 一般认为,城市衰退是城市更新的起因,衰退主要表现为中心城区因人口、企业和活动不断向外迁移而造成的人口和就业人口的丧失。

③ 彼得·罗伯茨、休·塞克斯主编:《城市更新手册》。

表 1.1 城市更新的发展

时期/政策类型	20 世纪 50 年代 城市重建	20 世纪 60 年代 城市复兴	20 世纪 70 年代 城市翻新	20 世纪 80 年代 城市再开发	20 世纪 90 年代 城市更新
主要战略和导向	按照郊区增长总体规划重建和扩张城镇老区	50 年代方向的延续，郊区和边缘地区的增长；开始了一些恢复式更新城市老区的概念	集中就地更新和街区更新项目；继续边缘地区的开发	大量大规模开发和再开发项目；示范项目；城镇之外的项目	政策和实践趋向于采用比较综合的形式，强调全方位处理城市问题
关键行动者和参与者	国家、地方政府；私人部门开发商和合同承包人	向公共和私人部门之间协调方向发展	私人部门功能增加，地方政府分权	强调私人部门和专门政府机构的作用；发展合作	合作成为支配性方式
行动的空间层次	重点在地方和场地	区域层次的活动出现	区域和地方并举，后期强调地方	早期强调场地，以后强调地方	重新引入战略规划，区域活动增加
资金	公共部门投资以及一定程度的私人参与	私人投资影响继续增长	公共部门资源约束，私人投资增加	私人部门支配一些公共基金	公共、私人和自愿部门相对平衡
社会	改善住宅和生活标准	改善社会福利	社区行动和提高社区能力	社区自助，国家支持相当有限	强调社区作用
建筑环境	内城地区拆除重建和开发边缘地区	继续 50 年代的做法，同时开始现存地区的恢复建设	老城区的大规模翻新		比起 80 年代，规模适度；历史遗产保护
环境	景观和公园	有选择地改善	改善环境和一定程度更新		引入环境可持续发展观念

资料来源：彼得·罗伯茨、休·塞克斯主编：《城市更新手册》，叶齐茂、倪晓晖译，中国建筑工业出版社 2009 年版。

二、城市更新的特征

根据城市更新的定义,城市更新具有如下三个特征:第一,过程性和持续性。也就是说,在城市发展的每个阶段,始终存在一个如何不断更新的问题。因而,城市更新是一个持续的、长期的循环过程,一个问题解决了,另一个问题就会出现,城市更新并不会让城市问题得到一劳永逸的解决。第二,战略性。从城市发展角度来看,城市更新是政府应对城市内外压力所作出的一种政策选择,它是涉及政府、民众、企业等诸多利益主体以及法律、规划、产业、土地、体制、机制等在内的综合创新行动,是城市转型发展进程中的一个重要战略,因此其战略地位的高低,决定着城市更新的水平和成效。第三,空间连续性。从纵向的发展进程来看,城市更新存在最佳时间和最佳地点的问题,但是就其空间范围来看,城市更新既有个别区域和小区域的问题,也有社区层面、区域层面乃至国家层面的问题,更新形态不尽相同,但总体上具有显著的连续性。简言之,城市更新有四个本质:第一,它是适应城市问题的政府政策调整与管理模式创新;第二,是对城市土地利用方式的再调整;第三,城市功能的转型升级;第四,它是城市人口、资本、建筑等空间资源的再配置过程。

第二节 城市更新的动因、对象、手段和目标

在明确了城市更新定义和特征的基础上,我们就要回答以下四个问题:为什么要进行城市更新?城市更新的主要对象是什么?城市更新依靠什么方法和手段?城市更新应该达到什么目标?这四个问题是在制定或实施城市更新政策之前需要加以阐明的逻辑性问题。美国联邦政府在 1949 年实行的城市更新运动表明,改善住宅质量和维护公共利益,是他们进行城市更

新的主要理由。对此，学术界存在很大的争议。我们认为，城市从产生的那一天起，就存在“新”与“旧”、“发展”与“衰退”等这些对立性的矛盾。城市更新应重在把城市置于全球经济社会发展的大背景中，针对引发城市变化的各种障碍性因素或问题地区，用新的建筑、新的功能不断抵御城市形体的破败和经济社会的衰退，以期让城市保持应有的经济动力和社会活力。因此，城市更新的动因、对象、手段和目标是一个链条式的体系（图 1.1），分述如下：

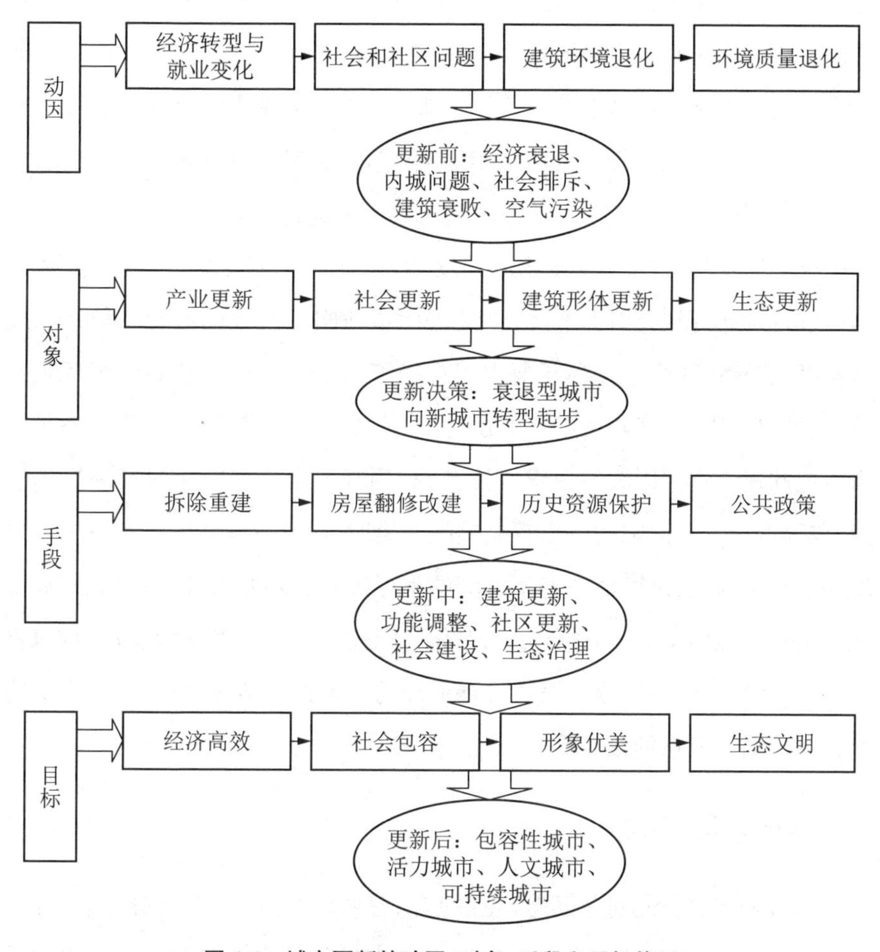

图 1.1　城市更新的动因、对象、手段和目标体系

一、城市更新的动因

回答城市更新的动因问题，也就是回答为什么要城市更新的问题。每一座城市的发展，始终受到全球化、地方化和城市变化等多因素的影响，尤其是城市本身的变化及其结果，成为城市更新的内在逻辑起点和基本原因。具体而言，以下四个方面的城市变化成为城市更新的主要动因：第一，经济转型和就业的变化。在经济全球化和区域化发展进程中，城市经济必然处于从工业向服务业、低端向高端的不断转型升级之中，而旧城区或传统工业地区往往因脆弱的经济基础及结构，率先出现产业转移、就业岗位减少、经济增长乏力等整体衰退现象。这样一来，因世界经济转型而导致的城市经济衰退，是促发城市更新的首要因素。第二，社会和社区问题。这主要表现为富人的郊区化导致了中心城区的贫困极化现象。内城成为穷人和弱势群体的集中地，社会排斥、社会分化程度加剧，社区支持消失，社区共同体解体，城市形象受损，吸引力下降，这又进一步加剧了内城地区的不稳定和衰退。第三，建筑环境退化和新要求。在经济发展过程中出现的建筑环境破败、场地退化废弃、基础设施陈旧过时、固体废弃物污染等问题，难以满足城市土地和建筑物使用者的要求。为此，利用制度干预来防止建筑环境的衰退，成为城市发展面临的一个直接挑战。第四，环境质量和可持续发展。过度注重经济增长、过度消费能源环境的不可持续发展方式，往往使城市局部地区出现环境污染加剧、整体生态退化等问题。如何改善环境质量，构筑良好的城市环境和风貌，成为城市发展面临的一个直接挑战，也成为生态文明时代影响城市成功的核心要素。

二、城市更新的对象

回答城市更新的对象问题，也就是回答城市“更新什么”的问题。在一定程度上，城市更新的基本动因决定了城市更新的主要对象。从因果关系来说，城市更新的对象应该是上述城市变化问题表现最集中的地方或空间载体，如经济社会衰退的内城或旧居住区、破败的旧建筑或旧工业区、受到污染的褐色地块等。从城市功能和发展视角而言，城市更新的对象至少包括以下五个方面：第一，针对经济转型的城市经济更新，即产业置换、结构升级等，这将创造就业岗位，提升劳动力与经济结构的适应性，创造更大的经济效率和经济活力；第二，针对社会或社区问题的社会更新，这将在解决经济问题的同时，更新内城或旧城区公共服务体系，完善社会设施，改善居住方式，提高生活质量，加强就业培训，推动社会融合，促进社会和谐稳定；第三，针对建筑环境退化的建筑设施更新，即重新利用废弃工业厂房、整修破败建筑等，这将在置换功能的同时，改善衰退地区的建筑形象；第四，针对环境问题的生态更新，即积极推动服务经济发展为目标的城市化模式，这将有助于构建为可持续发展服务的新型城市化发展模式，使得更新地区获取最大程度的环境效益，提高城市可持续发展的能力和水平；第五，治理方式的更新，这将改善和优化地方决策结构与机制，推动当地社区民众的广泛参与，吸收更多社会团体共同参与更新改造，形成多主体共建共治共享的制度结构和必要方法，令城市治理能力水平得到显著提升。

三、城市更新的手段

回答城市更新的手段问题，也就是回答城市更新需要采取什么样的手段和方法来加以推进的问题。根据走访调查，在中国的城市更新发展中，政府官员和开发商，还有一大部分学者，在理念、理论、政策解释等方面，缺乏完整的“城市更新”框架和体系。他们往往把“城市更新”狭隘地理解为城市更新的全部内容，并相应地把“推倒重建”式的、迫使当地居民搬离原住地、进行商业开发的“城市更新”，当作城市更新的唯一手段和方式。国内外的经验表明，城市更新存在多元化的手段和方法，主要有以下三种：

第一，拆除重建，即常说的推倒重建或推土式重建。这是对严重衰退或破败的地区采取的常用方式,20 世纪三四十年代西方工业城市实施的清除贫民窟运动,主要采用了这一方式。其最典型的案例当属 19 世纪奥斯曼对巴黎进行的城市重建计划。当前我国一些城市推行的成片、大规模的旧区改造,也算拆除重建的改造方式,但这并不代表着城市更新的唯一方式。

第二,改建或翻修,即对那些没有达到必须摧毁程度的旧建筑和具有一定保存价值的旧房屋,采取功能置换、内部修缮、基础设施更新等方式,实现功能转型升级、改善居住质量的目的。其典型案例有上海的“田子坊”改建项目,较好地诠释了城市改建在城市更新中的功能和作用。

第三,保留,即对富有价值的历史文化资源,进行保留并实施保护性开发,延续城市的历史发展脉络,提升文化品质。其典型案例有韩国首尔的“北村韩屋”项目。在香港,这种以保留为主的更新方法叫做“保育”,核心意思就是保护地区的历史环境。就此而言,我国许多城市借着城市更新的名义对大量优秀历史文化建筑进行无情拆除,这值得我们警惕和反思!

除了上述三种直观的更新手段以外,统筹兼顾,配合使用包括就业培训、社会保障、公共空间等在内的社会政策,也是城市更新不可缺少的重要政策手段。

四、城市更新的目标

回答城市更新的目标问题,也就是回答城市更新要达到什么样的目的或目标的问题。纵观世界各地走过的城市更新之路,改善居民居住质量、改观城市形象、增加政府税收等是政府实施城市更新的普遍目的,但偏重经济发展是大多城市更新目的中的一个无法逃避的诟病。城市更新所追求的目标不应该只是经济目标,而应该是一个包括经济、社会、文化、生态等在内的目标群,即更新以后的城市或城区,应该是一个包容城市、活力城市、文化城市和可持续发展的城市。因此,城市更新的主要目标包含如下四个方面:第一,城市更新需要实现城市社会包容和谐,即要满足一个城市或区域的要求[①],改善居住质量,减少社会排斥,使弱势城区或弱势群体在经济上得到重新整合[②],共享城市经济增长的成果,促进社会公平,满足特定地区特定人口的基本社会服务,提高人们的生活质量;第二,城市更新需要激发城市发展活力,即要对城市经济发展作出贡献,实现更新地区的产业置换、结构升级和功能拓展、增加就业岗位、创造更多税收等目标,打造经济增长的新型空间,提升城区发展活力,提振当地经济发展前景;第三,城市更新需要增强城市历史感和文化品质,即通过历史文化资源的更新保护,增强城市的历史感和文化底蕴,放大城市历史、价值、文化、品质在城市发展中的功能和作用;第四,城市更新需要打造可持续城市,即通过现代环保科技的使用,在改善城市形象、打造城市名片的同时,要积极追求环境效益,实现低碳化、节能化、绿色化,逐步推动城市发展走向可持续发展的方向。

第三节　城市更新的组织过程与管理模式

城市更新是一项涉及许多城市问题和多个利益主体的复杂系统和政策安排。因此,在明确了城市更新的动因和目标以后,我们就需要探讨和解决城市更新的实践操作问题。建立一个合法合规、公开透明、执行有力、运转高效的组织过程与管理模式,直接决定着城市更新追求的经济、社会、文化、环境等综合目标的实现程度。在实践中,城市更新普遍采取项目化的操作方式,但不同国家、不同城市在具体流程和管理模式上又不尽一致。根据国

① V. A. Hausner, "The future of urban development," in *Royal Society of Arts Journal*, 1993, 141(5441):523—533.

② A. MeGregor and M. McConnachie, "Social Exclusion, Urban Regeneration and Economic Reintegration," in *Urban Studies*, 1995, 32(10):1587—1600.

内外大量更新案例，一个城市更新项目的实施和组织管理，至少应该包括事前准备、事中更新、事后完工评估三个基本阶段(图 1.2)，每个阶段应该具有各自的管理重点。简述如下：

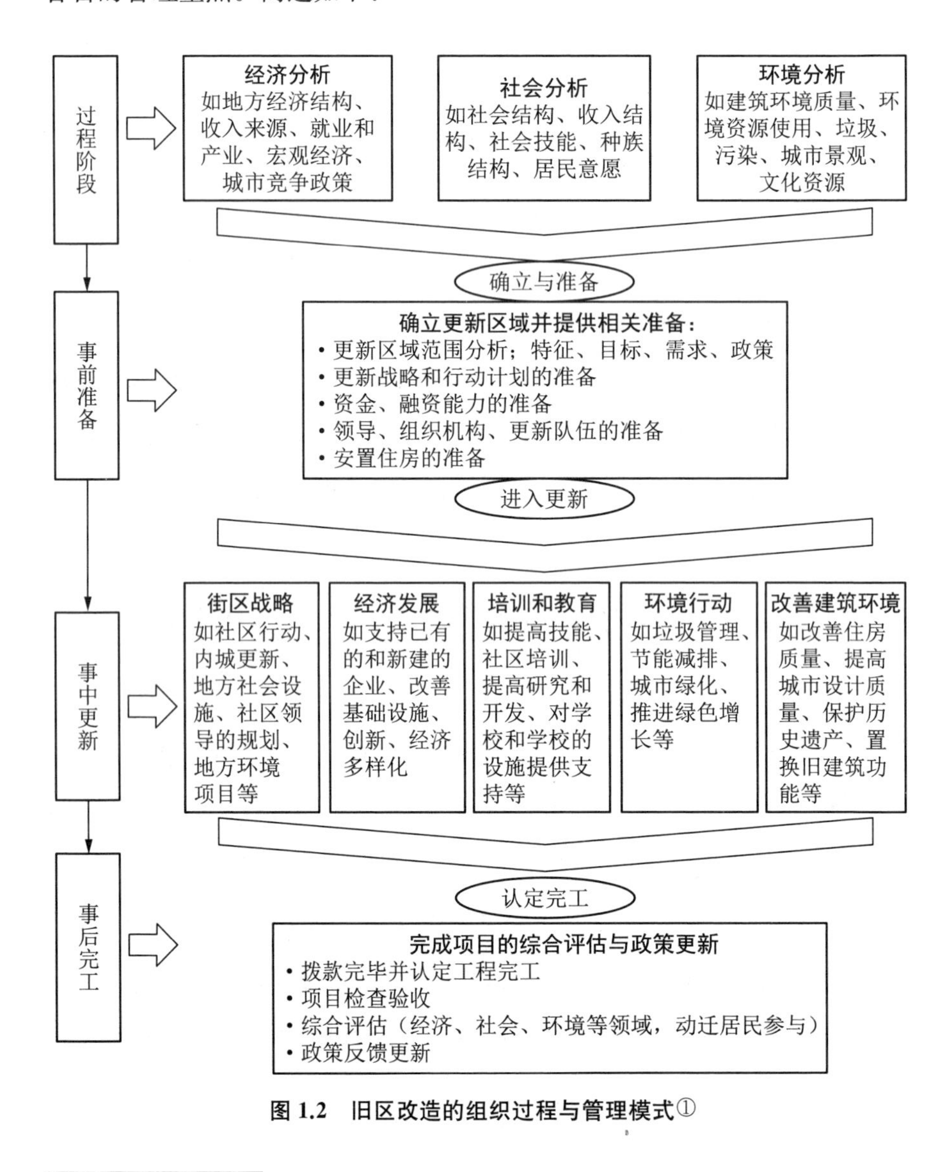

图 1.2 旧区改造的组织过程与管理模式①

① 彼得·罗伯茨、休·塞克斯主编：《城市更新手册》，第 18 页。

一、事前准备阶段

“凡事预则立，不预则废。”做好充分而全面的前期准备，是一个城市更新项目得以成功实施的重要基础和保证。在此阶段，我们应该重点关注更新项目的必要性、合法性和可行性三个方面。其中，必要性就是通过对更新项目开展经济、社会、文化、环境等方面的全面分析和评估论证，拿出项目必须更新的理由和证据，以获得最广泛的社会认同和政策支持；合法性就是开展商业、房地产、环境、规划、建设方面的专业法律咨询，尽早发现与更新有关的法律要求，使更新机构、行动策略等符合各条专项法规和一般法；可行性就是要对更新项目的社会成本和经济成本进行分析，其中包括经济可行性、开发可行性（是否能够提供适当的道路、下水道等公共工程设施）、公共可行性（考虑社会和政治的反应）等，以预先排除项目实施过程中可能遇到的各种障碍，为确保更新项目的善始善终打下基础。具体而言，准备阶段需要做好的具体事宜包括确定更新区域并实施全面的 SWOT 分析、建立并明确负责更新项目的相关机构（明确性质、职能、使命等）和管理机制、编制更新战略规划和行动计划（向相关部门报批）、申请更新资金、准备搬迁居民安置房源、培训更新项目运作团队等。

二、事中更新阶段

当更新项目获得政府相关部门批准以后，城市更新就进入了实质性的更新实施阶段，这是城市更新的主体过程。此阶段主要围绕经济更新、社会更新、建筑更新、环境更新四个主体对象而展开，其中涉及土地征用、土地整理、安置补偿、居民搬迁、项目建设、规划设计、配套设施建设、管理信息系统等非常具体的事宜，要按照统筹协调、步调一致的原则加以执行和实施。实际上，每项内容的具体执行通常也是分阶段的，但这不是本书所要关注的重点内容，故在此不再赘述。需要指出的是，为了保证更新项目得到综合协调的贯彻和执行，这一阶段要以过程和结果为导向，做好对项目实施过程的监督和控制，确保项目实施的公平性、公正性和规范性。其中，公平性就是要关注项目实施所覆盖的群体范围，确保更新计划最大程度地贴近希望人群或弱势群体，确保最广泛的社会参与，促进社会公平和稳定；公正性就是要在项目执行计划公开的基础上，让多元利益主体按照法定原则获取应有的利益，特别是在居民搬迁的安置补偿中，不能因为搬迁时间的前后差异而进行明显差别化的补偿方法，继而确保个体利益的公平公正；规范性就是指依靠政府、社会团体、民众、媒体等手段，重点监控更新机构在操作过程中是否按照事先制定好的运行机制进行规范操作，实现多元利益相关者的共同参与、协同行动，防止舞弊行为和暗箱操作。在此过程中，如果发现问题，就得及时加以制止和修正。

三、事后评估阶段

尽管在城市更新过程中，对项目和计划提供资金和其他支持的机构通常都有相应的监督和评估机制，但在整个项目完工以后（当然中期评估也很关键），开展一次由第三方独立承担的综合评估，检测项目实施的效力和效果，是城市更新过程中一项不可或缺的环节。事后评估工作与当初的更新政策、项目计划和执行情况等紧密相联系，因此，评估工作应采取系统和透明的方式，以原先制定的更新目标为基准，研制全面的评估指标体系，采取包括被动迁居民在内的广泛的社会参与方式，全方位检测项目计划和目标的实现程度，对项目成果和它所带来的附加价值形成一个总体判断。具体而言，评估工作主要对项目和计划实施的经验教训、整体绩效、社会影响力等作出客观分析和评价，以便总结有益经验，发现存在问题，为进一步调整和完善城市更新政策、优化更新流程等提供决策建议。与此同时，评估工作需要建立更新项目的评选和奖励机制，从诸多的更新项目中，评选出优秀案例，加以推广，以提高城市更新的整体水平。

第四节　城市更新的战略升级及其选择

城市更新是地方政府有效应对全球化和地方化发展而出现的诸多城市问题（这些问题具有综合性、复杂性、关联性）的政策反应。在城市更新中，采取单一部门、单一机构、单一力量的做法，存在很大的局限性，而多部门参与的综合协调发展模式被证明是行之有效的，以孤立的、零碎的城市转型项目来推动城市更新不再可能。因此，要想获得城市的持续繁荣发展，就必须得从“创造经济、社会和环境更新的条件上”[①]出发，重视城市更新战略的认识，确立长期化的战略纲领，从长期的、战略性的、综合协调的和可持续的方式来处理城市更新问题。为此，本书在阐明上述城市更新基本理论内容的基础上，补充性地提出城市更新需要采取的战略：公私合作伙伴战略、人本化幸福城市战略、可持续发展战略。这些战略应该始终贯穿在城市更新的整个过程中，确保更新项目取得成功。需要指出的是，在欧美高度城市化发展过程中，已经形成了较为成熟的城市更新战略态度及行动，但我国还有待进一步强化这一认识。

一、公私合作伙伴战略

自20世纪90年代以来，合作、多部门参与、协作开始成为西方国家城市更新和诸多公共政策中的关键概念。据此，采取中央和地方政府参与、公私部门参与、打破传统政策界限的公私合作伙伴战略，理应成为城市更新首要确立并遵循的发展战略。这一战略的核心在于创新政府的公共治理模式，在城市更新过程中，把不同层次的政府和其他公共机构、私人机构、社区

---

① P. Healey, “A Strategic Approach to Sustainable Urban Regeneration,” in *Journal of Preoperty Development*, 1997, 1(3):105—110.

机构和代理机构统一在协作行动的合作框架内，积极组建合作机构，制定合作协议，建立正确的合作体制和运行机制，尊重并发挥不同利益相关者在城市更新中的角色和功能，强化对话协商、资源共享、联合行动，公平、合理、弹性地处理诸多深层次矛盾和冲突，发挥集聚优势，提高合作活力和合作效率，努力实现城市更新效益的均衡化、最大化。

二、人本化幸福城市战略

幸福是人们对生活状况的心理感受。让每个人过上更加幸福的生活，是城市作为人类住所的基本要求。在现实中，尽管人们幸福与否受收入、婚姻、健康、制度等诸多因素的综合影响，但一些国家（如不丹）较为成功的公共政策改革趋向表明，如何实施更有利于提高国民幸福程度的公共政策，进而最大可能地提升民众的幸福感，逐渐成为各国政府高度关注的一个新方向和新议题。据此，城市更新作为一项涉及多重目标的战略行动，不管是创造更多的就业岗位、提升产业层次、完善城市功能，还是改善居住质量、维护社会关系网络、保护文化历史资源等，都离不开满足“人”的需求这一根本目的，并要最终让更多的人过上更加美好的幸福生活。从这一视角来看，城市更新需要审视和权衡经济增长与社会发展的关系，应该强调“人”的核心地位，实施人本化的幸福城市战略；也就是说，城市更新在强调城市更新区域形象更加优美、景观更加漂亮、街道更加整洁、商业更加繁荣的同时，更要注重和实施更有利于改善更新区域居民（特别是弱势群体）的生活质量、提高收入水平、培养职业技能、促进社会参与、扩大人际网络等人性化措施，以最大可能地提高居民的幸福感，维护社会和谐稳定，进一步激发城市经济社会的发展活力和创造力。

三、可持续发展战略

可持续发展虽然是一个老生常谈的理念，但对作为人类改造人居环境手段的城市更新来说，依然是一个十分重要的发展理念和发展战略。如何从人地关系的宏观视角和局部土地承载力的微观视角出发，处理好更新项目与自然环境之间的关系，保持良好的生态水平，创造更加符合人类生存、更加永续发展的新空间或新载体，是城市更新需要始终关注的议题。这就要求城市更新项目需要更加注重更新项目规划设计的紧凑布局、功能混合并保持适度的绿化水平和公共开放空间，创造有利于人类健康的生活设施和生活空间；同时更要注重绿色环保科技在更新区域新建项目中的应用，实现新建建筑的低碳化、节能化、绿色化，最大程度地节约能源，逐步推动城市走向可持续发展的新模式。

第二章
上海从旧区改造到城市更新的发展历程

城市更新始终伴随着一座城市的产业升级转型。上海是一座具有厚重历史文化底蕴的大都市，自新中国成立到改革开放的较长时间内，努力解决并不断改善居民的居住问题，是上海城市发展的重点任务。自从20世纪90年代开始，上海经济结构向现代制造服务业转型发展，城市发展进入大规模、快速化旧区改造的阶段。经过三十多年的旧区改造，居民居住条件得到极大改善，在21世纪第二个十年的“十四五”时期，全市二级旧里以下的大规模旧区改造接近尾声，全新开启了渐进式、小规模的城市更新发展阶段。本章主要对上海从旧区改造到城市更新的发展历程和政策演变，分时段进行了梳理回顾，从而为总结上海城市更新的经验打下坚实的基础。

第一节　上海城市发展与旧区改造的存量

一、1949—1979年上海旧区改造的简要状况

上海城市雏形成型于近代。在近两百年的现代城市发展进程中，受特殊社会历史背景的限制，上海城市长期为租界所分割，全市缺乏统一的城市规划，因而也在城市布局和规划建设上存在种种问题。除少数地区之外，上海的土地使用功能混杂而不合理。在住宅区建设上，除了少数花园式住宅、

大型公寓和一些新式里弄之外，大部分住宅为旧式里弄和成片的棚户简屋。①各类住宅的建筑标准、质量以及周围环境等均相差悬殊。据 1949 年统计，在当时市区 82.4 平方千米范围内，住宅总建筑面积为 2 359.4 万平方米，全市人均居住面积为 3.9 平方米。在各类住宅中，公寓 101.4 万平方米，占 4.29%；花园住宅 223.7 万平方米，占 9.48%；新式里弄 469.0 万平方米，占 19.88%；旧式里弄 1 242.5 万平方米，占 52.66%；简屋、棚户为 322.8 万平方米，占 13.68%。此外，还有一定数量的明清时期的古老住宅，仅在南市区尚存的百年以上宅第就达 5.3 万平方米。②当时，旧式里弄的住宅建筑密度大多高达 80%，人口密度高达 2 000—3 000 人/公顷，且房屋陈旧，日照和卫生条件都很差。成片棚户简屋的居住条件比旧式里弄住宅更差，居住拥挤、环境恶劣，没有市政公用和卫生设施③，甚至难以遮风避雨，而广大穷苦的劳动人民则大多居住在其间。④

上海解放后，伴随着国民经济的恢复，市政府高度重视人民群众的住房问题，尽力想办法投入部分建设资金，改善棚户、简屋区的条件和环境，解决居民的居住瓶颈问题。一方面，市政府加紧筹集资金对棚户简屋进行改造，

---

① 根据《上海市房屋建筑类型分类表(修正版)》规定，上海的老式住宅有：1.老公寓，具有分层住宅形态，各有室号及专门出入，成为各个独立居住单位，原始设计有正规的客厅、阳台，一套或数套卫生间或有冷暖气设备，装修精致，优质松木以上地板，房间墙面用料高级或有护墙板，厨房有瓷盆并贴有瓷砖及配套的碗橱、壁橱等，并有公共大门或兼有电梯设备，如培恩公寓、雁荡公寓等。2.新式里弄，联接式住宅，结构装修较好，具有卫生设备或兼有小花园、矮围墙、阳台等设施，如静安别墅等。3.旧式里弄，联接式的广式或石库门砖木结构住宅，建筑式样陈旧，设备简陋，屋外空地狭窄，一般无卫生设备，为 5(1)类，如建国西路建业里；普通零星的平房、楼房及结构较好的老宅基房屋为 5(2)类，郊区设备简单的小楼房，亦归入此类。4.花园住宅(老洋房属于此类)，一般为四面或三面临空，装修精致，备有客厅、餐室等结构较好的独立或和合式、别墅式住宅，有数套卫生间，一般附有较大的花园空地或附属建筑，如汽车间、门房等。

② 《上海住宅建设志》编纂委员会编：《上海住宅建设志》第一篇，上海社会科学院出版社 1998 年版。

③ 夏天：《广厦千万间，寒士俱欢颜——庆祝中华人民共和国成立 70 周年上海旧区改造纪实》，载《上海房地》2019 年第 7 期，第 2—5 页。

④ 《上海建设》编辑部编：《上海建设(1949—1985)》，上海科学技术文献出版社 1989 年版，第 63 页。

对沪南小木桥、沪北全家庵以及沪西药水弄等原有200多个棚户区,建造给水站(1949年7月起,市政府首先在沪东、闸北、南市等区设置了300多个给水站,解决了棚户区居民的喝水问题)①,安装电灯,设置垃圾箱,开辟火巷,修建街坊道路,增添一些市政公用设施,改进棚户区的居住条件,使近百万人受益。同时,市政府对部分属于危险房屋或急需改善条件的棚户采取自费改造、自建公助和国家投资等多种办法进行总体改造,其中"自建公助"是指由住户自己出资,单位适当资助,将草棚翻建成2至3层砖木结构楼房,当时在杨浦区的眉州路、南市区的复兴东路、普陀区的石泉路等都建有不少自建公助住宅项目。②至1960年底,市区翻建的棚户总面积达220万平方米左右,居住人口达40万人。瓦房从13.9%上升到76.98%,"滚地龙"完全消失。③另一方面,1951年4月,市第二届第二次各界人民代表会议上,陈毅市长指示要"重点地修理和建设工人住宅",改进"工人居住区的条件",这就有了全国第一次工人新村建设——曹杨新村,为工人提供了大约"两万户"的住宅。

20世纪六七十年代,在社会主义建设的探索期,上海的旧区改造也受到了影响。据统计,从1966年到1973年,上海平均每年建造仅43.37万平方米住宅,其中1970年为22万平方米,比1952年还低。④由于旧区改造所需资金远比新住宅区建设更为庞大,而在此期间,我国的国民经济遭遇困难,无力顾及老旧住宅区的改造。因此,20世纪70年代前期和中期,上海中心城旧区的更新改造几近停滞。但与此同时,上海在局部的城市旧区改造方面仍取得了一定成效。如这一时期的蕃瓜弄和明园村等棚户区的改造就比较有代表性。改造前,蕃瓜弄原有棚户、危房1 965户,居住条件极差。通过全部拆除旧房,蕃瓜弄成组改造成多层住宅,最终建设5层楼房共计29

---

①③ 夏天:《广厦千万间,寒士俱欢颜——庆祝中华人民共和国成立70周年上海旧区改造纪实》,载《上海房地》2019年第7期,第2—5页。

② 《上海建设》编辑部编:《上海建设(1949—1985)》,第101页。

④ 同上书,第102页。

幢，还包括配套公共建筑共 6 万多平方米。在改造过程中，为了提高土地利用率，在满足日照、通风及采光的前提下，新的住宅采用点状、条状、E 状等不同的多层住宅建筑体型，合理地提高了容积率和建筑密度。蕃瓜弄和明园村的成功改造为改造棚户区、顺利安排动迁户摸索出了一些有益的经验。从 1963 年到 1966 年，全市棚户改造达 47.9 万平方米。

二、1949—1979 年上海旧区改造的简要总结

解放后至 20 世纪 70 年代末期，国家财力有限，同时老旧住宅区改造相对于新建住宅而言需要更多的资金。在住宅建设资金捉襟见肘的情况下，虽然上海的旧区改造在局部取得了一定成效，但总体而言老旧住宅区的改造几乎被搁置一边，仅有的改造对象集中在危棚简屋，且改造规模小、力度弱，城市老旧住宅区总体面貌改变不大。根据上海市房地局相关统计数据显示，1949 年至 1980 年的 32 年间，上海共拆除旧住房 277 万平方米，年平均拆除 8.7 万平方米，其中，棚户简屋 130.6 万平方米。[①] 直到“六五”（1981—1985 年）和“七五”（1986—1990 年）期间“23 片地区改建”规划启动实施，老旧住宅区改造才初具规模。

同样是受资金限制，最初的改造主要满足群众最基本的居住需求，改造模式以配套公共建筑和完善基础设施为主。“零星拆建”是上海老旧住宅区的改造的主要形式，但到了 20 世纪六七十年代，又逐渐发展出少数像蕃瓜弄、明园村和漕溪北路沿线改造等“自建公助”和成组改造的方式，对部分属于危险房屋或急需改善条件的棚户进行改造，通过全部拆除旧房，改成多层住宅的方式，合理地提高容积率和建筑密度。但由于当时对历史风貌保护的意义和深层次涵义认识不足，以及规划管理法规和制度不完善等原因，中心城区老旧住宅区的“零星拆建”对原有街区景观影响也很大。特别是在具有

① 王文忠、毛佳樑、张洁等：《上海 21 世纪初的住宅建设发展战略》，学林出版社 2000 年版，第 199 页。

一定历史风貌特色的里弄街区，通过“零星拆建”方式新建起来的一些住宅往往是砖混结构的所谓“新工房”，主要目的在于解决人民群众的居住困难，对于建筑艺术的追求相对次要。因此总体来看，这类建筑显得风格呆板、材料因陋就简、建筑质量较差、设施配备简单，与街区原有风格形成较大反差。这类建筑往往为 4—6 层的多层住宅，在 2—3 层为主的里弄住区中显得格格不入。

在实施主体和参与主体方面，在改革开放前的计划经济条件下，政府是唯一的主导主体，国有单位和集体参与也十分有限。对于居民而言，由于改造对象一般为居住条件极差的棚户简屋，主要目的在于解决居住困难问题，这些改造深受住户的衷心欢迎。另一方面，此时居民参与的思想在国际上也才刚刚起步，且尚未被带入中国，所以几乎没有任何居民参与的制度，居民处于被动接受地位。在资金方面，旧区改造的资金筹措主要靠财政拨款这一种形式，也就是说这一时期的旧住宅区更新改造基本上都是由政府（市或区一级政府）筹措，且主要依靠的是市、区财政资金，仅是在“自建公助”时国有单位才适当赞助。

第二节　1980—1990 年：上海旧区改造房屋动迁阶段

一、1980—1990 年上海旧区改造简要回顾

建国以后至 20 世纪 70 年代末，上海的旧区改造主要采用了零星拆除的办法，总体而言，改造规模小、涉及面窄，影响力小，以至于到了 1979 年末，上海中心城区仍有棚户简屋 450.4 万平方米。[1]而此时，上海的住房紧张状况已经达到无以复加的地步，且随着改革开放以后城市居民收入的不断

---

① 《上海建设》编辑部编：《上海建设（1949—1985）》，第 103 页。

提升，人民群众对改善住房条件的呼声也越来越高。

为了解决日益严重的住房矛盾，上海市委、市政府于 1980 年 3 月召开住宅建设工作会议，制定了“住宅建设与城市建设相结合，新区建设与旧区改造相结合，新建住宅与改造修缮旧房相结合”的方针。对城市旧区的规划改造，则确定了“相对集中、成片改造”的总原则，并制定了涵盖全市引线弄、药水弄、西凌家宅、久耕里等 23 片地区的改造规划。经过此次旧区改造的 23 片地区，占地 415.7 公顷，共拆除住户 12 万余户，拆除各类建筑面积 331 万平方米，新建住宅 824 万平方米。[①]全市“23 片地区改建”成为上海在“六五”期间筹划、“七五”期间实施的重点建设项目，贯穿了上海 20 世纪 80 年代旧城区改造的全过程，为上海的规模化老旧城区改建作出了有益的探索。在这一时期，考虑到用地进展的实际情况，用地规模较小的独幢高层集合住宅作为居住区增加容积率的方式被大量使用，在上海城市建设发展进程中形成了特有空间的类型。上海的住宅建筑从新中国成立后一直在 6 层以下，这一时期，市规划局对高层居住建筑进行了整体试点改造，取得了良好的效果，高层建筑得以在 20 世纪 80 年代得到大范围推广。据统计，上海在 1980—1990 年建成的高层住宅有 531 幢，建筑面积达到 605.83 万平方米。[②]

在实施策略上，“23 片地区改建”规划以区为主要责任主体组织实施，市政府在政策上给予各区支持，如为各区提供旧城区改建补贴土地，规定参与旧城区改造的投资单位净得房源原则上不少于 40%，少于 40%的部分将由有关区在近郊征地予以补足。据统计，整个“七五”期间，全市划给各区的补贴土地共 273.3 公顷，可新建住宅 240 万平方米，其中可以直接用于旧区改建补贴的有 117 万平方米，约占总量的 50%。[③]“七五”时期的这一措施在很大程度上调动了企业单位参与旧城区改造的积极性，从而为部分建筑密

① 《上海建设》编辑部编：《上海建设（1949—1985）》，第 103—104 页。

② 《上海住宅》编辑部编：《上海住宅（1949—1990）》，上海科学普及出版社 1993 年版。

③ 《上海建设》编辑部编：《上海建设（1949—1985）》，第 110 页。

度高、人口密集、改造后净得房源少的棚户简屋的改造创造了条件。与此同时，上海市也利用代征地建设33万平方米动迁周转用房，并通过对旧城区改建进行宏观管理，严格控制动迁户数，加快在外过渡户的回搬进度等方式，以提高各区安排动迁户的临时过渡能力。1986年底，全市在外回搬户超过6万户。

二、1980—1990年上海旧区改造的操作模式

在这一时期，上海旧城区改造各区采取的办法主要有“集资组建”“联建公助”“民建公助”“商品房经营”等。集资组建是旧区改建采取的主要办法，即是将各方面的资金先筹集起来，集中用于老旧城区棚户简屋的改建，建成的住宅除安排原动迁户之外，剩余的部分全归投资单位所有。联建公助则以参建单位投资为主，居民自愿出资参建，建成之后的住宅作为有限产权房卖给动迁居民，剩余的房屋则由投资单位获得。民建公助指在区城建部门的组织下，由居民和职工自行出资，由企事业单位提供经济帮助，由政府给予适当支持，在私房集中的地段，对棚户简屋、危房进行改造。商品房经营指将市区被动迁居民迁往新的居住区，并在原来的旧房屋拆除后，利用原址土地级差较高的有利条件，建造新的商品房出售，以获得在新区建设住宅安排动迁户的资金。①

专栏2.1

民建公助和商品房经营案例

民建公助以引线弄为例。1987年，原南市区（今属黄浦区）引线弄采取了“民建公助”的方式进行改建，拆除居民旧房2 603平方米，单位用房

---

① 《上海建设》编辑部编：《上海建设（1949—1985）》，第111页。

354 平方米，在原地上新建 5 幢 4 层楼住宅，建筑面积共 5 597 平方米。所需建设资金由居民出资三分之一、职工单位资助三分之一，另外三分之一通过出售原地新建的少量住房回收获得。经过改建，引线弄 136 户居民得以顺利回搬原地。

商品房经营以松柏里为例。松柏里原是危房集中的地段，1988 年，黄浦区住宅办公室牵头，拆除危房 7 164 平方米，动迁居民 230 户、单位 9 个，80％的居民被安置到浦东，其余的 20％在旧区易地安置，原地则建造 1 幢高 21 层、共计 2.7 万平方米的商品住宅以出售，获得的资金在安排动迁户、支付商品住宅的建筑安装费用，以及市政公用设施配套所需投资之后还略有结余，整个项目取得了较好的社会效益和经济效益。

在具体的操作中，上海按照原建设局、规划局和房管局的文件，在拆迁安置上以人口数为依据，每人 4 平方米，也就是我们经常所说的“数人头”。当时住房还没有商品房的概念，住房分配是按照居住面积分配的。如果认定符合拆迁标准，那无论拆了 4 平方米/人以下的多少面积，补偿上都会按照 4 平方米/人的标准执行。按照当时规定，住房的阳台、厨房间、卫生间、走道都不计面积，这些空间虽小，但该政策赢得了人民群众的拥护。如果当时拆除的原住房人均面积超过 4 平方米，那就实施 3 平方米折合为 1 个平方的标准。例如，原来的人均 4—7 平方米，就补偿人均 4—5 平方米的房子；人均 7—10 平方米，就补偿人均 5 平方米的新房子。这一方法被称为“逢三进一”法。但是有一个规定，人均面积最多不能超过 12 平方米，如果一户人家有 100 多平方米，家中只有两位老人，那就补偿共计 24 平方米的房子。由于当时大多数人口都属于困难户，偶尔有一户人家住房面积很大，大多数住户都愿意接受新的补偿标准。当然，补偿这些住户的 24 平方米一般都是规格最好、朝向最好、楼层最好的。受技术条件限制，这一时期建造的房子多以5层为主,后来加盖到6层,乃至于7层。因为8层及以上的住房就要加装电梯,所以住房都控制在7层及以下。其中,3层的工人新村仍然是几户合用倒便器和厨房间,后来新建的住房则都是独立的厨房间和卫生间。

三、1980—1990年上海旧区改造简要总结

在这一时期,上海旧区改造的对象以危棚简屋为主。相比较于改革开放之前,这一时期是中国社会重要的调整期,拨乱反正和经济体制的改革都对社会的发展产生了重要影响。但相对于改革开放前的一段时间,随着这一时期国家的财政状况有所好转,旧城区改造的对象开始扩展到旧式里弄住宅,改造规模也比改革开放前要大得多。据统计,1980年至1990年间,上海共拆除旧房523万平方米,年均改造52万平方米,其中棚户简屋在这一时期共拆除110万平方米。[①]尽管如此,由于历史原因,截至1990年底,危、棚、简屋还有365万平方米,加上二级旧里房屋,累计1 500万平方米。[②]这些旧区仍亟待更新改造。

在这一时期,上海旧区改造的方式逐渐丰富。20世纪80年代前中期,上海的旧城区规划改造对象都是棚户简屋的集中地段,改造方式以推倒重建为主。经过改造,大多数原住居民顺利回搬。改造后小区的共建配比和基础设施都有了改善,成为以4—6层、砖混结构为主的"兵营式""方盒子型"多层住宅小区。到了20世纪80年代后期,旧城区改造方式开始逐渐呈现出多样化的趋势。旧住房的成套改造以及对里弄的更新改造开始出现。除了贯彻"相对集中、成片改造"的方针,并对棚户简屋集中地段进行规模化改造外,20世纪80年代后期,上海还开始对旧式里弄住

---

① 王文忠、毛佳樑、张洁等:《上海21世纪初的住宅建设发展战略》,第199页。

② 何雅君:《打浦桥斜三基地危棚简屋变"花园"——黄浦区首开先河,通过土地批租加速旧区改造》,载《新闻晨报》2018年7月2日,http://www.shxwcb.com/179753.html。

宅进行“旧房利用、内部改造”的新方式，即通过对不成套的旧房，特别是里弄住宅进行更新改造，增加房屋设备，使得每户家庭都有独立成套的住宅单元。

在这一时期，上海旧区改造的资金筹措以财政资金为主。上海老旧住宅区改建需要大量资金，“七五”期间，除了地方财政投入一部分之外，大部分则由各区采取多种方式募集。总体而言，20 世纪 80 年代起，政府虽然也开始发动各方力量筹措资金，如采取“集资组建”“联建公助”“民建公助”等方式多渠道筹集资金，但旧城区改造始终没有迈出“市场化”的步伐，市、区政府财政资金仍然是老旧城区改造资金的主要来源。这在客观上制约了可使用改造资金的总量，资金短缺依然是旧城区改造工作的重要“瓶颈”。当时的房屋动迁和改造取得了一定成效，得到了群众的拥护。首先，当时的房屋动迁和改造全部由政府负责，具体而言就是住宅建设办公室。当时，全市设立市住宅建设办公室，每个区都有一个住宅建设办公室，每个住宅建设办公室在每个街道都设了一个动迁组。动迁组是事业单位，由街道主任任组长，由住宅建设办公室派出的干部任副组长，下面的动迁工作人员都是事业单位成员，当时都叫动迁干部。当时的动迁干部都是按照干部标准来教育的，他们到群众家里去不能坐人家的床，入户时只能拿本子，不能拿包进人家家里(防止空包进门、装东西出来)，一定要两个人一起上门，等等。其次，这一时期的安置多是以原址回迁为主，住户之间相互熟悉，原来你家有多少房子，有几口人，回迁之后你家有多大面积，什么朝向，这些大家都能看得一清二楚，这在很大程度上提升了群众的满意度和公平感。再次，房屋动迁的执行标准严格，且动迁干部确实解决了人民群众的住房难问题。因此，在这一时期的动迁中，虽然群众都是处于被动参与的地位，但整体来说群众满意度很高，一片和谐，矛盾也很少，动迁干部也是受人尊重的为人民群众做好事的职业。

第三节　1991—2003年：上海旧区改造商业化拆迁阶段

一、1991—2003年上海旧区改造简要回顾

经过改革开放之后的老旧城区改造，到20世纪90年代初，上海市民居住矛盾依然突出，有数十万户家庭的人均居住面积低于4平方米，其中有3万多户家庭的人均居住面积不足2.5平方米。1991年3月，国务院发布《城市房屋拆迁管理条例》，紧接着上海市政府于1991年7月发布《上海市城市房屋拆迁管理实施细则》。该《细则》是在社会经济体制转轨时期制定的，带有明显的住房福利分配制度痕迹，其基本特征是以实物房屋分配为主，按被拆除房屋建筑面积结合居民家庭户口因素确定应安置面积。这即是所谓的"既数砖头，又数人头"阶段。1992年召开的中共上海市第六次党代会，要求抓住深化改革、扩大开放的机遇，把旧区改造、改善居住的起点，落在结构简陋、环境最差的危棚简屋上，提出"到20世纪末完成市区365万平方米危棚简屋改造"（俗称"'365危棚简'改造"），由此拉开了大规模旧改的序幕。经过十余年的建设，此次大规模旧改共改造了包括365万平方米危棚简屋在内的1 200余万平方米的二级旧里以下房屋，受益居民约48万户。①

1994年，国家在确定了建立和完善社会主义市场经济体制的改革目标之后，为了适应大规模老旧城区改造、房地产市场发展以及深化住房制度改革的需要，上海的房屋拆迁制度以市场化、货币化为方向进行了循序渐进的制度创新和突破。在推进老旧城区改造过程中，市政府出台了一系列的相关文件，通过减免土地出让金、相关税费优惠以及财政补贴等方式，鼓励国

① 万勇：《上海旧区改造的历史演进、主要探索和发展导向》，载《城市发展研究》2009年第11期，第97—101页。

内外开发单位参与旧区改造。这一进程可分为三个阶段：一是1997年4月，市政府发布《上海市个体工商户营业用房安置补偿办法》，确定了“适当提高被拆迁人原居住水平”以及“房屋产权利益完整保护”的基本原则。二是1997年12月，市政府发布《上海市危棚简屋改造地块居住房屋拆迁补偿安置试行办法》，决定采用货币化补偿安置的方式，并在货币转化安置方面确立自住私有住房所有人和公有住房承租人既得利益完整保护的原则。三是2000年9月，市政府批准市房地局《关于上海轨道交通明珠线二期、共和新路高架工程拆迁房屋试行市场价补偿安置的若干意见》，基本取消了长期以来在拆迁安置中起重要作用的户口因素，这使上海的旧城区改造向完全市场化目标的货币化补偿安置制度又迈出了重要一步。①

这一时期，老旧城区拆迁的货币化不畅和政策变迁同房价飙升结合在一起，造成了21世纪初的拆迁矛盾大爆发，引发了当地老百姓将动拆迁矛盾上诉到国家有关部门的群众上访事件，直接促成了上海老旧城区改造拆迁模式的转变。

二、1991—2003年上海旧区改造的操作模式

改革开放后的上海城市经济取得了高速发展，尤其是20世纪90年代，中央关于开发开放浦东的决定和上海作为中国改革开放发展新阶段的龙头地位的确定，使上海的城市开发建设进入了快速发展阶段。在这一时期，上海的旧区改造模式不断创新，大规模推行成片危棚简屋改造、市政设施建设等，并率先探索形成了以土地批租为途径、利用外资改造旧区的市场化新模式。

第一，探索形成土地批租新模式。1990年，国务院颁布了《中华人民共和国城镇国有土地使用权出让和转让暂行条例》和《外商投资开发经营成片

---

① 万勇：《上海旧区改造的历史演进、主要探索和发展导向》，载《城市发展研究》2009年第11期，第97—101页。

土地暂行管理办法》,为上海土地使用制度改革的深化进一步提供了法律依据。[①]上海的土地批租模式起始于卢湾区[②]打浦桥街道的"斜土路第三居委会所在地块",简称"斜三地块",即现海华花园。该地块曾经人口密集、环境恶劣,有1 400多户居民、20多家工厂和商店,到处都是危棚简屋,加之不远处就是全区垃圾、粪便转运装船的日晖港码头,空气中总散发着阵阵臭味。[③]居民要求改造心切,政府也一直想启动实施改造,但囿于资金匮乏,一直未能如愿。1992年1月25日,上海市土地管理局将"斜三地块"中的19 790平方米土地使用权,以2 300万美元的价格有偿转让给香港中国海外发展有限公司。批租土地上也起了高品质外销商品住宅——海华花园,成为当时地标。[④]于是"斜三地块"成为上海市第一块毛地批租的旧区改造地块,开创了改革开放以来吸引外资进行老旧住宅区改造的先河。这一新举措不但具有政治上的创新和突破性意义,更重要的是它从根本上解决了长期以来困扰上海旧区改造的"资金源"问题,为上海20世纪90年代启动大规模的老旧住宅区改造创造了基础条件。"斜三地块"改造拆除房屋2.6万平方米,其中危棚简屋及二级旧里以下住房2万平方米,搬迁与居民区混杂的工厂,并在房产开发后实现了成功销售。这不但令开发商获得了可观的开发利润,而且令城市的面貌得到了显著改观,取得了良好的社会、经济、环境效益,为市区旧区改造、土地出让树立了样板。[⑤]自此之后,土地批租在全市各区开始广泛应用,境内外房地产开发商纷纷抢滩上海,各区出让土地

---

① 刘瑞:《危棚简屋变身高楼,上海这个地块首开先河用土地批租改造旧区》,载《澎湃新闻》2018年7月2日,https://www.thepaper.cn/newsDetail_forward_2232790。

② 2011年,卢湾区并入黄浦区。

③ 唐烨:《上海旧改提速原来从这个地方起步,曾经的"滚地龙"地块今天变成什么样了》,载《上观新闻》2020年6月9日,https://www.jfdaily.com.cn/staticsg/res/html/web/newsDetail.html?id=257378&sid=67。

④ 上海市卢湾区志编纂委员会编:《卢湾区志》,上海社会科学院出版社1998年版,第292页。

⑤ 《上海建设》编辑部编:《上海建设(1991—1995)》,上海科学技术文献出版社1996年版,第610页。

量急剧上升，土地使用权的出让也为地方财政筹集了大量的建设资金。据统计，仅1992年和1993年两年，上海共批租459幅土地，其中市区227幅，涉及旧区改造的147幅，拆除旧房185万多平方米，其中危房、棚户、简屋85.4万平方米，占拆除总量的46.2%。[①]整个“八五”（1991—1995年）期间，上海土地出让收入就达到110.6亿元人民币，出让资金主要用于出让地块上的单位、居民的动迁安置及城市基础设施的建设[②]。土地批租使得旧区改造工作的进程明显加快，也成为上海城市建设史上的一个重大突破。

专栏2.2

土地批租的意义

作为全中国第一个毛地批租的案例，“斜三地块”涉及动迁居民1 000多户，大大超出了之前动迁几百户所需要的资金量，之前的联建公助模式难以施展，迫于资金压力，上海最早引入了香港的海华地产和中海地产进行开发，建成现在的海华花园。在之前的计划经济时代，缺乏灵活性的单位体制直接决定了一个人的人生轨迹，民间戏称为所谓的人生三次投胎：第一次投胎生在哪里，第二次投胎哪个单位，第三次投胎跟谁结婚。因为好的单位如供电局、江南造船厂等可以帮人解决住房等一系列问题，联建公助房也多由这些单位完成；而如果工作被分配到了在路边卖油条、在理发店做服务员，则单位能够提供的福利就非常有限。土地批租模式通过引入外部资金改善群众居住条件，对于人民群众具有积极意义。

---

① 刘瑞：《危棚简屋变身高楼，上海这个地块首开先河用土地批租改造旧区》，载《澎湃新闻》2018年7月2日，https://www.thepaper.cn/newsDetail_forward_2232790。

② 《上海建设》编辑部编：《上海建设（1991—1995）》，第610页。

第二,“365危棚简”改造。1991年,市房地局组织各区对辖区内成片危棚简屋情况进行调查摸底。资料显示,到1990年底,市区还有1 500多万平方米的二级旧式里弄以下旧住房,其中有成片危、简房365万平方米以及30余万户人均居住面积4平方米以下的困难户。“365危棚简”的概念也由此而来。[①]要想实现“365危棚简”改造目标,现实中面临着诸多潜在重大困难。为了顺利推进“365危棚简”改造,上海市人民政府明确了各区政府作为责任主体,以确保完成“365危棚简”改造任务,并出台了推进“365危棚简”改造的一系列优惠政策。[②]“365危棚简”改造优惠政策推行初期对“365危棚简”地块的改造产生了强大的推动作用,不少“365危棚简”地块被中外房地产开发企业相中,纳入改造计划。再加上1998年金融危机之后,上海又主动出台了更为优惠的老旧城区危棚简屋改造政策支持办法,极大地调动了相关企业的积极性,最终促成了“365危棚简”工作的完成。

专栏2.3

1997年亚洲金融危机中的上海旧区改造

1997年前后,席卷全球的“亚洲金融危机”对亚洲乃至整个世界经济的发展都产生了极大冲击。不少参与“365危棚简”地块改造的外资房地产公司资金周转发生了困难,由其实施改造的地块也陷入困境。与此同时,上海的商品住宅市场售价也从1994年和1995年的峰顶走到了历史的低谷,许多房地产企业资金被套。这些因素对“365危棚简”改造任务的

① 《上海建设》编辑部编:《上海建设(1991—1995)》,第149页。

② 内容包括:(1)制订改造计划,明确责任部门;(2)优化规划设计方案,保持总量平衡,应以建设中低档内销住宅为主,鼓励居民有偿回搬。容积率及其他控制指标“适当”放宽;(3)委托各区办理土地使用和拆迁许可证手续为简化审批手续;(4)减免有关手续费、管理费;(5)减免或缓交土地使用费;(6)实行住宅与配套费原则自行包干使用;(7)免征20%的解困平价住宅,免收城建档案保证金,免征新型墙体材料费;(8)酌情免收人防建设费。

完成无疑是雪上加霜。面对严峻的形势，为了完成预定目标，上海又出台了新的政策以进一步推动“365危棚简”改造。1998年市政府将“365危棚简”改造列为市政府实事项目，由各区政府负责实施，并于1998年8月下发了《关于加快本市中心城区危棚简屋改造实施办法的通知》(沪府发〔1998〕33号文)，出台了比1996年更为优惠的政策措施。通过各方的不懈努力，上海2000年底前全部拆除“365危棚简”的预定目标终于完成。

《关于加快本市中心城区危棚简屋改造实施办法的通知》的主要内容包括：(1)政策范围。1991年各区上报的365万平方米危棚简屋，经改造后，至1997年底尚余的约125万平方米。与上述危棚简屋交叉或毗邻，按照城市规划要求，在地块实施改造中需附带拆除的约300万平方米二级旧里以下的危旧房，以及黄浦、静安、卢湾三区经市房地局认定的二级旧里以下危旧房。(2)主要优惠政策。土地使用费按照改造地块的实际面积全部免缴；销售用于危棚简屋动迁安置的空置商品住宅，经认定的，所交纳的营业税由同级财政予以返还；经批准的项目，视同市政建设项目，其房屋拆迁安置按市政府有关规定执行(隐含意思是必要时可以先行腾地)；对按本办法完成危棚简屋拆迁的地块，实施土地储备，建设临时性绿地，储备期间可作临时性停车场或用于广告等其他经营活动，也可转让土地使用权，转让后的地块可继续用于储备，也可按规定进行开发建设；对按本办法改造经认定的危棚简屋和实施土地储备的，由本市各商业银行按有关政策规定提供金融支持，市、区两级政府对改造原365万平方米危棚简屋尚余的约125万平方米进行定额补贴，补贴资金由市、区两级政府共同承担。对已列入1998年市政府实事项目的40万平方米危棚简屋，每拆除1平方米，由市财力定额补贴300元，对其余的85万平方米危棚简屋，每拆除1平方米，由市财力定额补贴900元，由市财政局负责实施。此外，为进一步降低改造成本，除按1996年市建委《关于加快本市中心城区危棚简屋改造若干意见》的规定减免有关补偿费、手续费和管理费外,对改造地块内拆除的市政、公用等公共设施和公益性建筑不予补偿,对市政、公用管线拆除搬迁的费用实行明码标价。

第三,市政动迁改造。在20世纪90年代的老旧住宅区改造中,除了房地产开发和政府通过"365危棚简"政策作为推动力量外,改革开放以来上海的第一轮经济快速发展所诱发的大规模市政建设也成为推进旧区改造的重要方式之一。1992年邓小平南方谈话发表后,随着土地使用制度改革,土地使用权有偿出让令政府获得了数额可观的土地出让金,政府开始有能力将资金投入城市基础设施建设中去。因此,20世纪90年代是上海解放以来城市基础设施建设规模最宏大的十年。这十年中,市中心初步形成了由"申"字形高架、"三纵三横"地面交通以及轨道交通"十字加半环"组成的立体化综合交通体系,城市的交通状况明显好转。[①]同时,城市的电力通信设施、给水排水、环保环卫等设施也得到同步发展,尤其是公共绿地的建设,在"八五"和"九五"(1996—2000年)期间得到突飞猛进。在公共绿地建设项目中,最具影响力的首推1999年8月启动的"延安中路大型公共绿地",其占地总面积23公顷,涉及黄浦、卢湾、静安三区,由19块绿地组成。[②]在实施过程中,"延安中路大型公共绿地"动迁居民18 900余户,拆除41万多平方米的建筑面积,其中绝大多数为20世纪二三十年代建成的居住建筑(其中不乏大量的新式里弄以上的住宅)。"延安中路大型公共绿地"从规划到2002年底建成仅用了短短不到三年的时间。

第四,旧住房成套改造。长期以来,老旧住房的不成套一直是上海中心城老旧住宅区存在的重要难题。这种不成套问题主要有两种原因:一是设计缺陷所造成的不成套,二是本身设计为成套使用的住宅由于使用不合理(主要是两户或多户出于居住困难合用本该由一户独用的煤卫等

① 《上海建设》编辑部编:《上海建设(1996—2000)》,上海科学技术文献出版社2001年版,第4页。
② 同上书,第89页。

设施)而造成的不成套问题。统计数据显示,“七五”期末,上海市住房成套率仅31.6%,[①]居住的紧张状况由此可见一斑。因此,在老旧城区改造过程中,上海市政府一方面大力建设新住宅区,另一方面也开始对旧住房进行成套改造,并在“八五”和“九五”期间取得实质性进展。为进一步加快旧住房的成套改造,规范改造和建设行为,市政府于1997年3月下发《上海市人民政府批转市房地局关于加快旧住房成套改造实施意见的通知》(沪府发〔1997〕12号),该意见对旧住房成套的配套工程的相关税费、资金来源、安置办法以及对房地产企业参与旧住房成套改造的鼓励措施等提出了原则性意见,其中涉及有关优惠税费和提供项目低息启动贷款等,属于实质性的优惠政策。各区人民政府也按照该实施意见的精神,结合本区情况,制定了相关的实施细则或“暂行规定”,对居民的拆迁安置(包括原地安置和异地安置对象及安置标准)、房屋出售等细节问题进行具体规定,以指导本区的旧住房成套改造工作。在1999年以后,各区都增加了在旧住房成套改造方面的投入,旧住房成套改造工作取得显著成绩,涌现了像静安区的“新福康里”等比较成功和有影响力的案例。2000年,上海的住房成套率提高到74%。据市房地局统计,截至2001年底,旧住房成套改造竣工面积218.2万平方米,受益居民5.77万户。[②]

三、1991—2003年上海旧区改造简要总结

1990年之前,国家尚未颁布与动拆迁相关的法规条例。各省市自治区都是根据自身情况,制定相关规定。上海动拆迁的主要对象是居住在陈旧房屋的居民,并称动拆迁为“危棚简屋改造”。当时动拆迁的标准比较低,由于那时候全市人均居住面积长期保持在4平方米上下,所以动拆迁安置采取了“逢三进一”法。被动迁居民也是经过一段“过渡”时间,回搬到原来的地方,只是这时候原来的“危棚简屋”改建成了“新公房”。每一户居民原来

---

① 《上海建设》编辑部编:《上海建设(1996—2000)》,第149页。

② 同上书,第80页。

有多少居住面积,现在就分配了多少面积,相互之间清清楚楚,所以不存在特殊照顾、多分配几平方米等问题。虽然当时动拆迁的补偿标准比较低,分配的房子也不是十分豪华,但保证了“公平”,动迁居民居住条件得到改善,觉得自己十分幸福,矛盾也就比较少。

1991年政府出台拆迁条例后,动拆迁以“数人头”为基石。“旧改”开始引入市场机制,把开发商角色介入进来,按照市场原则购买土地、投资开发。另外,开发商可以自行动迁居民进行改造。这一时间开始的“旧改”不同于1990年以前的动拆迁改造,“开发”的含义明显起来,往往由商业价值高的内城往外拓展,且投资性更强一些。1993年卢湾区徐家汇路“斜三地块”的动迁,就是上海市第一块由开发商操作完成的协议批租地块。当时该地块居民主要是动迁安置到浦东,结果20%的居民不肯搬迁,这主要是因为浦西交通和生活设施便利,而浦东当时基础设施条件较差,居民要乘坐摆渡船过黄浦江,生活便利程度下降。民间流行“宁要浦西一张床,也不要浦东一间房”的说法,导致动迁难以推进。由于开发商属于商业投资性企业,以营利为目的,按照市场方式运作,故而为了顺利推进动迁,节省动迁成本,开发商增大了补偿力度,但补偿存在前后不一致的情况,这又带来了更多问题。先搬迁的居民觉得自己吃亏,后搬迁居民虽然得到了更多补偿,但是浪费了更多时间和精力。动迁居民的和谐与幸福感被打破了,并且在社会上形成了一种错误的观念,即“动迁不闹不行,不闹就亏了;动迁不搞不行,不搞就吃亏了”。另外,数人头的动拆迁政策也带来户口迁移、人口造假等行为,动迁不透明、不公平带来的种种弊端逐渐暴露出来,并且愈演愈烈。如某地块有200户人家,一个月内按照第一期的价格搬走了170户,还有30户没搬,主要是由于家庭内部矛盾问题,如:人口多了,分了两套房子,谁跟爸爸妈妈住?这个房子写爸爸妈妈,那个房子写我们五兄弟,谁跟爸爸妈妈?如果爸爸妈妈过世了,谁拿大的房子,谁拿小的房子?还有历史遗留矛盾问题,导致有些家庭也不愿意走。这样,拆迁工作就陷入停滞。而这时政府领导和房地产开发商往往会更加着急，于是便会从容易到困难，一批一批地解决拆迁群众的需求，这就在客观上造成了一种越往后拆迁补偿越多，越听话反而拿到的拆迁补偿越少的情况。补偿标准不一致最终导致了老旧城区拆迁的多方共输。

2001 年 6 月，国务院出台《城市房屋拆迁管理条例》(国务院 305 号令)，要求动迁各方按照数砖头的原则，对房屋进行市场评估，然后进行价值互换。这是房地产商品化改革深入"旧改"领域后的政策思路。但是实际的操作过程遇到了很大阻力，因为长时间"数人头"留下的观念使公众难以接受"数砖头"政策。为贯彻执行国务院 305 号令，上海市政府于同年 10 月 29 日制定出台了《上海市城市房屋拆迁管理实施细则》(第 111 号文)，该政策出台之后，受到了社会的强烈关注。之前，有的住户通过各种方法向要拆迁的住房里迁进多个户口，有的甚至在十几平方米的房子里迁入二十几个户口，而新政策的出台直接导致了这些人的把戏落空，由此受到了他们的强烈反对。为了平息矛盾，上海在执行过程中，考虑现实情况的要求，最后只能采取数砖头兼顾数人头的动迁方式，但在执行中，各个拆迁工作队对标准的掌握尺度不一样，有的会无限放大相应的行政裁量权，有的则严格按照标准执行。这种不透明、不公平加上无序操作，"两个要素一起数、越数越糟糕"，结果反而导致了 2001 年之后的拆迁工作更加无序。为了解决动拆迁过程中不透明、不公平以及无序操作造成的各种社会矛盾，新的动拆迁工作必须对症下药，特别是在公开公平公正方面下功夫。也正是在这一时期，上海开始探索"阳光"动迁的新路子。下面，我们以瑞金医院地块为例，记叙一下上海对阳光动迁的实践探索。

2002 年，"瑞金医院"地块开始探索阳光动迁，在中心城区(卢湾区)的瑞金医院门急诊大楼翻造基地上，有 61 户教授、专家级别的居民成为了被动迁对象。当时，院方不同意召集动迁居民开会，生怕聚集起来会闹事、团结一致来反对动迁，于是，他们主张逐一分发"告居民书"，避免不必要的麻烦。但是主持动迁的公司还是主张开大会,通过三方的对话交流发现问题,以便在最终方案公布之前更快地解决问题。最终,在对话交流中,动迁公司针对普遍存在的现实问题与动迁居民共同协商,初步拟定、调整了方案:(1)奖励费由15 000元翻了一番,调整成30 000元;(2)原来价值2 000元的实物奖励,换成了现金,调整为5 000元;(3)市场评估价在原基础上增加18%。为了更有效、公平、透明地实施方案,动迁公司主张推选三位业主代表和院方、动迁公司组成团队,共同监督、参与动迁的整个过程。不到一个月,此次动迁就完成了61户的签约任务。本次动拆迁方案是在政策范围内由各主体共同参与制定,把无序的暗贴变成规范的明贴,这令动迁居民十分拥护。签协议的61户人家全部按照公开的安置方案安置,坚持方案一竿子到底、透明操作,这就是阳光动迁的雏形。

2003年,动拆迁导致的社会矛盾频发,动迁居民上访人数也不断增加。整个动迁工作困难重重、步履维艰。要突破瓶颈、走出困境,变革创新势在必行。

第四节　2003—2015年:上海旧区改造拆迁调试阶段

一、2003—2015年上海旧区改造简要回顾

经过20世纪80年代的房屋动迁、20世纪90年代的商业化拆迁,至2003年,上海全市共认定以旧里以下房屋为主的旧改地块307块,占地约1 348万平方米,拟拆除的旧里以下住房1 037万平方米,涉及动迁居民30多万户。[1]更为重要的是,2002年12月,上海获得了2010年世博会的举办

① 於晓磊:《上海旧住宅区更新改造的演进与发展研究》,同济大学博士论文,2008年。

权，上海的城市建设和旧区改造开始围绕世博这一大事件展开。受 2003 年拆迁上访问题的影响，2003 年以后，上海开始全方位探索推行阳光拆迁和旧区综合改造。如《上海市住房建设规划（2006—2010 年）》就提出：第一，要有序推进旧区改造，重点拆除改造居住环境差、居民改造愿望迫切的棚户简屋区域和成片二级旧里，积极探索以土地储备为主要方式的旧区改造新机制，并坚持拆迁“五项制度”，依法实施，确保社会稳定。第二，要积极落实旧住房综合改造，对于城市规划予以保留、建筑结构较好、但标准较低的旧住房，积极有序地进行“平改坡”和综合改造；重点围绕旧住房的“急、难、愁”问题，切实解决居民的生活不便；对非成套住房，有计划地通过成套改造来完善住房基本功能；在旧住房改造中试点开展节能保温改造；进一步完善旧住房综合改造的资金筹措机制和长效管理机制。第三，切实加强住房修缮养护管理，完善规章制度，建立强制性的修缮与养护机制和技术标准；强化管理，提高旧住房的耐久性和安全性；整合资源，构建房屋修缮、安全管理和社会服务网络。

“十一五”（2006—2010 年）期间，上海中心城区共拆除二级旧里以下房屋 343 万平方米，受益群众 12.5 万户左右。其中，市重点项目闸北区[①]“北广场”、黄浦区董家渡 13A、15A 街坊、普陀区建民村等完成改造，虹口区虹镇老街完成 80%，杨浦区平凉西块完成 50%。自 20 世纪 90 年代以来，通过旧区改造，全市约 130 多万家庭改善了居住条件，城镇人均居住面积由 1991 年的 6.6 平方米提高到 2010 年的 17.5 平方米。[②]2012 年，《上海市住房发展“十二五”规划》对城市旧区改造提出了新的要求：第一，抓紧制定出台相关政策文件，按照国务院发布的《国有土地上房屋征收与补偿条例》，吸收上海市在“十一五”旧区改造工作中形成并已被实践所证明的成功做法，

---

① 2015 年，闸北区并入静安区。

② 上海市城乡建设和交通委员会：《上海市旧区改造“十二五”发展规划》，http://www.shjjw.gov.cn/gb/jsjt2009/node13/node1515/node1518/userobject7ai4835.html。

研究制定并实施《上海市国有土地上房屋征收与补偿实施细则》，加快推进旧区改造；进一步完善居住房屋补偿安置政策，全面推行"数砖头"加套型保底补偿安置方法；进一步规范房屋征收行为，加强房屋征收管理，全面实行房屋征收补偿安置结果公开制度，构建房屋征收补偿安置信息化管理系统，做到征收过程全透明，安置结果全公开。第二，加快推进旧区改造地块的改造建设进度，突出重点，分类推进。对杨浦、闸北、虹口、原黄浦、普陀等重点区的重点推进项目，加大旧区改造资金支持力度；对已启动但进展缓慢或停滞的项目，采取积极措施，督促开发单位启动改造；对没有按时启动的地块，依法启动土地使用权收回程序；同时，加快设立市、区两级政府旧区改造专项基金，从多种渠道筹集资金，积极支持旧区改造。第三，加大动迁安置房（限价商品房）建设力度，中心城区各区要根据实际情况，积极挖掘潜力，建设就近动迁安置房（限价商品房），满足动迁居民的多元化选择需求，不断加快居民动迁安置进度。第四，继续开展旧住房综合改造，进一步完善机制，提升综合改造标准和水平，并结合旧住房综合改造，研究拆落地改造、多层住房增设电梯等技术、政策、资金筹措等瓶颈问题，鼓励有条件的旧小区开展试点，进一步改善居民住房条件和居住环境质量。

二、2003—2015 年上海旧区改造的操作模式

在总结 20 世纪 90 年代"365 危棚简"改造和 21 世纪初新一轮旧区改造工作经验的基础之上，上海市人民政府于 2009 年发布《关于进一步推进本市旧区改造工作的若干意见》，确定了新一阶段上海旧区改造的工作原则，具体为：坚持创新机制、完善政策；建立与尊重民意、住房保障、多渠道安置相结合的旧区改造方式，并注重政策的连续性、稳定性、操作性；坚持公开透明、公平公正；进一步突出旧区改造公益性的特征，努力形成居民主动参与、操作规范有序、社会广泛支持的良好局面；坚持点面结合、突出重点；在积极推进已启动旧改项目改造的同时，加大力度，重点推进中心城区成片、成规

模和群众改造意愿强烈的二级旧里以下房屋改造；坚持政府主导、以区为主；市政府负责统筹、协调、推进和政策制定等工作，有关区政府作为旧区改造的责任主体，具体承担组织实施和推进工作。在这些操作原则的基础之上，上海在这一时期进行了旧区改造的操作模式创新。

第一，实行“数砖头”为主、“数人头”为辅的征收补偿政策。2001 年制定的《上海市城市房屋拆迁管理实施细则》，用的是“动拆迁”概念，主要采取“数人头”的补偿方案，而 2011 年颁布实行的《上海市国有土地上房屋征收与补偿实施细则》，将原来的动拆迁改为政府征收，补偿方式由“数砖头”替代了“数人头”，按照房屋面积为主、户籍人口为辅的政策来进行征收补偿政策。在此细则下，评估均价、补贴系数、补贴面积都是根据被征收地块的地块位置、房屋类型和房屋现实状况确定的，且都是按照被征收地块的标准对所有居民统一适用的，一般而言不会引起很大的争议。这时候的“数人头”，是指按照与户籍人口数有关的申请“居住困难户”[①]给予相应征收补偿的政策，消除了以空挂户口方式赚取国家补贴的漏洞。总体来说，“数砖头”较“数人头”很大程度上杜绝了人为因素的影响，但由于“数砖头”仅根据面积认定按照“一户一证”的方式计算并发放补贴，而并没有将补贴落实到户内的具体每个人头上，这客观上造成了家庭内部纠纷增多和矛盾激化，进而引发了一系列的法律问题。[②]因此，这一阶段处于不断调试阶段，各级管理部门创新了非常多的办法。

第二，实施阳光拆迁方案。在试点地块启动改造前，按照市建设交通委、市住房保障房屋管理局制定的旧区改造事前征询制度的规定，开展两轮征询，充分听取市民群众对旧区改造意见：第一轮，征询改造区域居民意愿，

---

① 居住困难户是指以本市经济适用住房的标准以及本户的房屋面积进行核定、人均居住面积不足法定最低标准的情况。根据《上海市共有产权保障住房申请对象住房面积核查办法》，若是以家庭为单位，人均居住面积不足 15 平方米就可认定为“居住困难户”。

② 潘律法苑：《上海市旧改动迁征收中的“数砖头”和“数人头”》，https://c.m.163.com/news/a/G1TJ71K90551W1LL.html。

同意改造户数超过规定比例,方可办理地块改造前期手续,否则旧区改造工作不得继续进行;第二轮,征询居民房屋拆迁补偿安置方案意见,在一定时间内,签订附生效条件的房屋拆迁补偿安置协议的居民户数超过规定比例,方可进入实施改造阶段。同时,市政府还出台了完善居住房屋拆迁补偿的安置办法。居住房屋拆迁补偿安置试行以被拆除房屋的市场评估价为基础,增加一定的价格补贴和套型面积补贴的办法。对补偿安置后居住仍然困难的被拆迁人,符合本市住房保障条件的,可申请保障性住宅解决居住困难。在具体执行中,上海市各级政府实行多种安置方式,一方面在居住房屋拆迁实行货币补偿或跨区域异地安置的基础上,增加本区域就近安置,另一方面提供基本等同的货币补偿、就近安置和跨区域异地安置的补偿安置标准。

专栏 2.4

2004 年“43 街坊”地块完善阳光动迁

在 2002 年“瑞金医院”地块阳光动迁的基础之上,安佳公司 2004 年对“43 街坊”动迁时又进行了新的探索,进一步完善瑞金医院阳光动迁的做法,率先提出“公开、公平、公正”为主要内容的阳光动迁,打破以前先低后高、先紧后松的操作口径,根据当时实际平均补偿标准设计补偿方案,并严格执行方案,做到动迁过程、补偿安置方案公开透明,把一切都摊在桌面上,杜绝暗箱操作,坚持每户都按照这个新标准签订协议。当然,这种动拆迁做法也遭到一些质疑,比如,有人担心全部摊在面上会增加对最后一部分居民(“钉子户”)的工作难度,没有自由裁量权,后期工作就很难做。最后,经各方协商、开会讨论,整个动迁工作还是按照低于当时实际平均补偿标准的补偿标准进行推进。但是,补偿标准低于实际市场评估标准,导致动迁工作在签掉 200 户居民后就无法继续推进。不过,“公开、公平、公正”阳光动迁概念和做法得到了普遍的认可，市政府分管领导也在“市政府动拆迁五项工作制度”工作会议上指出，卢湾区“43街坊”的模式是今后上海动拆迁发展的方向。这是全上海第一个先走却拿到额外补偿的地块，也是上海第一个实行“公开、公平、公正”阳光动迁的地块。

第三，加大旧区改造政策扶持力度。一是加大市、区财力支持力度，将市、区合作纳入年度土地储备计划的旧区改造项目，市发展改革、财政、土地部门在审核市土地储备专项资金年度收支计划时，按照不低于项目总投资的30%安排改造资金。有关各区在编制年度财政预算时，相应增加对旧区改造资金投入。二是实行旧区改造土地储备资金先行拨付办法，对出让的土地储备旧改地块，在取得土地出让收入后，按照市发展改革委批准的土地储备投资总额90%的比例，先行拨付部分土地储备资金，在核定土地储备成本后再予以清算。

第四，进一步探索“拆、改、留”的平衡机制。一方面，进一步推进旧住房综合改造，对部分结构相对较好、但建筑和环境设施标准较低的旧住房，按照“业主自愿、政府主导、因地制宜、多元筹资”的原则，通过成套改造、综合整治、平改坡以及拆除重建等方式，多渠道、多途径地改善市民群众居住质量和环境；另一方面，继续推进历史文化风貌区和优秀历史建筑整治，在严格执行上海市历史文化风貌保护区规划和《上海市历史文化风貌区和优秀历史建筑保护条例》有关规定的情况下，继续推进历史风貌保护区和优秀历史建筑保护整治试点，在有效保护历史建筑风貌的同时，努力改善居民的居住条件。

三、2003—2015年上海旧区改造的简要总结

“新一轮旧区改造”政策是在总结20世纪90年代“前一轮旧区改造”经验和教训的基础上制定的，在许多方面沿袭了“前一轮旧区改造”的一些好

的做法，同时又注入了一些新的内涵。从改造所涵盖的内容来看，2003—2015年的旧区改造，已经涉及居住生活的方方面面，它不仅在着眼于住宅本身的改造的同时，将室外环境和配套设施也包括进去，而且从内容来看，已经开始往细致化的方向发展。可以说，在改造内容方面，这一时期的旧区改造已经开始摆脱以前的粗放型模式，开始注重质量的提升；从操作过程来看，从改造开始阶段的居民投票、改造方案阶段的征求居民意见，到改造过程的监督，再到改造竣工的验收，都有居民的参与。因此，整个改造过程除了对物质环境的改造，也把居民纳入改造活动当中，整个活动的目标是将人、物质环境、改造活动充分地结合在一起，是一项综合性的系统工程。

虽然新一轮旧区改造的地块政策提出了“拆、改、留并举”的改造原则，但在实际操作中，各区都把工作的重心放在拆除旧式里弄以下的住宅上。因此，拆除成片的旧式里弄成为旧区改造工作的重点。在住房成套率改造方面，由于难度大、利润低，改造反而放慢了速度，某些区的老旧住房成套改造办公室甚至名存实亡，相关部门既缺乏继续推动的动力，也缺乏相应的考核压力；与此同时，历史建筑和风貌街区保护性改造大多仍处于研究阶段，真正开始实施的不多，并且在实施上还遇到很多政策问题。在成片旧式里弄住宅区的改造上，绝大部分基地采取的是居民全部外迁、建筑全部拆除的方式。而在居民回迁方面，相应的政策文件并未对居民回迁作出量化规定，在操作中，房地产开发企业都尽量回避“居民回搬”问题，而作为直接指导和控制本区内“新一轮旧区改造”的区一级政府，对此问题也缺乏硬性要求。结果，从全市范围实践情况看，只有极少数新一轮旧区改造基地考虑了部分居民回搬，而且居民回搬比例也普遍很低，一般在10%左右，高一点的回搬率大致在30%左右(如虹口区的“165”街坊改造)。这造成中心区原来的社会结构破坏，居民积极性下降。①

---

① 上海房产经济学会虹口分会课题组：《虹口区新一轮旧住房改造的调研报告》，载《上海房地》2002年第6期，第53—54页。

第五节　“十三五”以来：上海旧区改造走向城市更新阶段

“十二五”(2011—2015年)期间，上海中心城区改造二级旧里以下房屋320万平方米，受益居民约13.6万户。全市完成成套改造、平改坡综合改造、高(多)层综合整治等各类旧住房改造5 500万平方米，受益家庭超过100万户，其中包括纳入保障性安居工程的旧住房综合改造工程约1 126.76万平方米，受益居民约20万户。全市还开展了1.73亿平方米老旧住房安全使用情况检查，基本建立了老旧住房安全隐患处置工作制度①，极大地改善了旧城区普通百姓的居住条件。当历史的车轮进入“十三五”(2016—2020年)时期之际，上海的旧区改造任务依然艰巨，计划未来五年继续将以成片二级旧里以下房屋为重点，完成240万平方米改造任务，为近12万户居民改善居住条件，同时开展中心城区零星旧改地块的改造，并推进郊区城镇旧区改造和“城中村”改造。但是随着国家经济发展形势的变化和上海转型创新发展的新常态，原来的城市旧区改造思路发生了显著的变化，开始从传统粗放的旧区改造向追求生活质量、城市品质的“城市更新”转变，这开创了超大城市存量更新发展的新格局。

一、从旧区改造向城市更新的理念转型

第一，在理念上出现从旧区改造向城市更新的转变。“旧区改造”的概念最初由美国学者在1949年的《住房法案》中提出。20世纪40年代以后，随着第二次世界大战的结束，美国经济的新发展对城市建设提出了更高的

① 上海市人民政府：《上海市人民政府关于印发〈上海市住房发展“十三五”规划〉的通知》(沪府发〔2017〕46号)，2017年7月6日。

要求。1954年的《住房法案》正式使用了"旧区改造"一词,其主要目的是改建大都市贫民窟和衰变区的房屋。在此之后,旧区改造的定义被不断丰富。2000年,彼得·罗伯茨对第二次世界大战后英国的旧区改造过程及其在英国的经历进行了回顾,出版了《城市再生手册》一书。在这本书中,他将"旧区改造"理解为一项有计划的、长远的社会行为,指出旧区改造应该从整体的层面出发,全面地解决各种城市问题,包括经济、生活等各方面。这一定义表明,旧区改造是一个多元化的过程,它不是某一单一方面的改变,而是各种要素在各方面的革新与发展,包括社会、经济以及文化等方方面面。

随着城市在人类社会中扮演的角色不断加重,人类对城市的理解也不断得到更新和强化。在经历了大拆大建的城市改造之后,人们逐渐意识到城市历史风貌和城市记忆延续对于城市的重要意义。城市的建设不应该为了发展而隔绝过去,没有源流的发展往往会变得盲目和无序,文化的传承和发展本身是社会进步的内核。在旧区改造过程中有机地保留保护以历史建筑和历史街区为主体的城市风貌,挖掘文化底蕴,紧密结合市民的精神需求,创建有温度、可阅读的城市环境,也是城市进步的表现。为了解决城市发展中遇到的各种城市问题,我国学者在分析了世界各地旧区改造的经验基础上,根据中国国情,提出了一系列的旧区改造理论。这其中包括"新陈代谢"理论,认为旧区改造是一个新旧交替的过程,这个过程既包括城市内部的建设与调整,也包括地区历史遗迹的保护与利用。进入21世纪以后,相关专家学者更加注重于对城市整体更新理论的研究,认为旧区改造应包括社会各个方面,更多有关旧区改造的理念被提出,旧区改造理论逐步得到完善。

第二,旧区改造提出由土地利用方式倒逼城市转型的新思想。2015年,《上海市旧区改造实施办法》颁布,进一步明确了"规划建设用地负增长"和"以土地利用方式转变倒逼城市发展转型"的要求。该办法的出台明确了新时期旧区改造工作的几项工作原则:一是政府引导,规划引领,政府制定更新计划,以区域评估为抓手,落实整体更新的要求,发挥规划的引领作用;

二是注重品质，公共优先，坚持以人为本，以提升城市品质和功能为核心，优先保障公共要素，改善人居环境；三是多方参与，共建共享，创新政策机制，引导多元主体共同参与，实现多方共赢。四是依法规范，动态治理；在有机更新的发展理念上，新阶段城市发展的关注点逐渐转向空间重构与社区激活、生活方式和空间品质、功能复合与空间活力、历史传承与美丽塑造、公共参与和社会治理、更加强调影响与微治理。①

第三，卓越全球城市新定位对土地利用提出减量化发展新要求。自2012年党的十八大以来，中国特色社会主义发展进入新时代，国家经济发展进入了追求高质量发展的新阶段。在百年未有之大变局和中华民族伟大复兴大局的新历史坐标下，把握新发展阶段，贯彻新发展理念，构建新发展格局，成为全国各地推动经济社会发展的根本尊重和行动指南。对上海这座中国经济最发达的城市而言，深挖城市存量资产和潜力，追求经济的高质量发展，成为城市经济转型创新发展的主方向。也正是从这个时候开始，上海开始了2035年城市发展总体战略的编制工作。自2013年起，上海就提出了"五量调控"土地新政，通过土地利用方式转变，促进城市发展方式、社会治理方式、政府工作方式转变。经过5年的研究谋划，在2017年国务院批复《上海市城市总体规划(2017—2035)》(以下简称"上海2035")，该规划的目标是引领上海成为卓越的全球城市，成为令人向往的创新之城、人文之城、生态之城，成为具有世界影响力的社会主义现代化国际大都市。"上海2035"明确，上海将牢牢守住人口规模、建设用地、生态环境、城市安全4条底线，坚持"底线约束、内涵发展、弹性适应"，探索超大城市睿智发展的转型路径，力争成为高密度超大城市可持续发展的典范。其中，针对土地资源方面，"上海2035"明确指出"按照规划建设用地总规模负增长要求，锁定总量，控制在3 200平方千米以内"。这实际上为传统粗放的城市"摊大饼式"

① 伍江等:《上海改革开放40年大事研究·卷七·城市建设》，上海人民出版社2018年版，第108页。

发展设置了“天花板”，从增量发展时代全面进入了存量更新发展时代。这为新时代上海加快旧区改造向城市更新转变提供了强大的内在驱动力，也令城市更新不断转变理念和方法，使其在有机更新的规划、政策、管理和行动模式等方面不断作出更大创新和发展。对标建设卓越的全球城市目标，上海的旧区改造工作开始向以“提质增效”“有机更新”为核心的城市更新迈进，以提升城市总体能级和核心竞争力为抓手，不断探索城市有机更新规划新方法，进入了一个全新的发展阶段。

因此，从历史发展过程看，自“十三五”时期以来，上海的旧区改造从大拆大建的剧烈式更新逐步向更小规模的渐进式更新转变，从注重物质环境更新向经济、社会、环境全面发展转变，从政府和大型房地产企业主导的开发向社会多主体介入的参与式更新转变，贴合城市实际的资源条件和需求，制定合宜的旧区改造策略。同时，上海的旧区改造随着城市新的目标需要，不断创新，不断引入新的理念和政策试点，并结合上海城市发展的特色和历史存量，灵活调整方式方法，使得上海的旧区改造满足了居民需求，体现出了上海特色，并探索形成了旧区改造、城市更新的上海模式。

二、上海“十三五”以来旧区改造的主要进展

《上海市国民经济和社会发展第十三个五年规划纲要》提出，在“十三五”时期，“要创新旧区改造模式，完成黄浦、虹口、杨浦等中心城区 240 万平方米成片二级旧里以下房屋改造；实施 1 500 万平方米老旧住房和居住小区综合改造，提高公建配套标准，增加公共空间，缓解做饭难、洗澡难、如厕难等急难愁问题，惠及 30 万户居民”。为贯彻落实市“十三五”规划纲要，2017 年上海市住建委编制了《上海市住房发展“十三五”规划》，重申“要完成中心城区 240 万平方米成片二级旧里以下房屋改造；持续推进旧住房改造，提高居住安全、完善使用功能，预计实施约 5 000 万平方米的各类旧住房修缮改造（含纳入保障性安居工程三类综合改造 1 500 万平方米）”的旧

区改造目标。在这一目标指引下，上海以习近平新时代中国特色社会主义思想为引领，深入贯彻落实习近平总书记考察上海重要讲话精神，遵循党中央关于推动以人为核心的新型城镇化战略，高质量发展、高品质生活、创新共建共治共享的社会治理以及上海“人民城市人民建，人民城市为人民”重要理念和大政方针，在市委坚强统一领导和市委重要领导亲自过问下（2018年9月13日，上海市委书记李强同志专程视察、关心彭三小区旧改工作），市、区政府联手合作，尤其是中心城区政府不遗余力、集中精力、创新方式方法，有效克服疫情的困境，开启了一场速度更快、效率更高的旧区改造“加速运动”，取得了显著成绩。①

第一，旧改数量取得突破。“十三五”时期，中心城区共改造二级旧里以下房屋约281万平方米，超额完成原定240万平方米的约束性指标，为目标的117%；一批以保留保护为主的旧改项目顺利推进，如静安区张园、安康苑项目，黄浦区老城厢区域、金陵路区域，虹口区北外滩区域等。旧改不仅有效改善了困难群众的居住条件，同时也提升了城市面貌、地区环境和整体形象，有力拉动了投资、消费和经济发展。

第二，旧改质量显著提升。从任务完成时间看，近年来旧改工作基本在当年的上半年就已完成年度目标任务的70%以上，至10月份就基本完成全年目标任务，呈现出加速推进的态势；从居民签约比例看，全年新开旧改基地签约率均在很短时间内达到99%以上，旧改工作呈现出居民积极参与并高比例生效的态势；从全市工作总体情况看，各相关区旧改工作有序推进，大体量旧改项目、旧改完成量都超历史纪录，旧改工作呈现出各区齐头并进、整体推进的态势。

第三，旧改政策体系日臻完善。2020年，上海市印发了《关于加快推进

---

① 上海市人民政府新闻办公室：《上海举行新闻发布会介绍上海市旧区改造工作相关情况》，http://www.scio.gov.cn/m/xwfbh/gssxwfbh/xwfbh/shanghai/Document/1705028/1705028.htm。

我市旧区改造工作的若干意见》,明确扶持政策,完善推进机制,压实区政府主体责任,强化市相关管理部门的统筹协调作用。同时,市相关职能部门制定了15个配套文件,其中有关于制度创新的相关文件3个,包括“预供地”制度、财政贴息政策、保障性住房和租赁住房配建政策;关于体制创新的相关文件6个,包括上海市城市更新中心旧区改造项目实施管理暂行办法、上海市城市更新中心旧区改造项目前期土地成本认定办法、上海市城市更新中心旧区改造项目招商合作管理暂行办法等;关于管理创新的相关文件3个,包括旧改及资金平衡地块税费支持政策、市城市更新中心配套和租赁房转化工作措施、旧住房更新改造工作实施意见;关于细化管理要求的相关文件3个,包括完善房屋征收补偿政策、加强旧改征收基地安全管理办法、直管公房残值补偿减免政策,形成了一套完整的加快推进旧改工作的“1+15”政策体系。

第四,旧改推进机制不断健全。一是理顺全市旧改管理体制,市旧改办实现实体化运作,负责研究有针对性的政策措施,统筹协调办理相关手续,解决疑难杂症和痼症顽疾,有力推动了全市旧改工作;二是理顺全市旧改推进机制,成立上海市城市更新中心,具体负责旧区改造、旧住房改造、城中村改造及其他城市更新项目的实施。

第五,旧改难点逐步突破。一是旧改资金筹措渠道实现新突破,积极争取国家部委的支持,用好用足政府专项债,为市区联手储备项目资金给予保障;同时,市城市更新中心(地产集团)在投入自有资金的基础上,通过市场化方式落实银行贷款。二是全面推动“毛地”地块改造,对历年来中心城区剩余的30块“毛地”(涉及二级旧里以下房屋约52.8万平方米,居民约3.6万余户)加大处置力度。到2020年底,“毛地”地块改造已经启动改造了静安区中兴城三期地块,黄浦新昌路1号、7号地块,建国路中海70街坊,杨浦区129、130街坊等11块毛地地块,涉及二级旧里以下房屋约26.9万平方米、2.1万户。剩余毛地地块已全部完成处置方案。

三、"十四五"旧区改造的总体目标和重点工作①

当前，上海市旧区改造已进入决战决胜阶段。市、区各有关部门将坚决贯彻"人民城市人民建，人民城市为人民"的重要理念，按照市委市政府工作部署，全力以赴加大推进力度，坚决完成成片二级以下旧里旧改收尾工作，全力打响零星二级以下旧里攻坚战。

第一，总体目标。2021—2022 年，上海市计划完成中心城区成片二级旧里以下房屋改造约 110 余万平方米、受益居民约 5.6 万户。"十四五"(2021—2025 年)期间，上海市计划完成中心城区零星二级旧里以下房屋改造约 48.4 万平方米、受益居民约 1.7 万户，力争提前完成。

第二，重点工作。(1)夯实责任，细化旧改目标计划任务。今年是上海市旧区改造攻坚战关键一年，根据总体目标、剩余地块实际情况以及旧改三年行动计划(2020—2022 年)，今年旧改目标任务确定为：全市共完成成片二级旧里以下房屋改造 70 万平方米、3.4 万户；2022 年完成 40 余万平方米、2.2 万户。各相关区作为旧区改造的责任主体，将细化落实资金、规划、房源、征收队伍等保障措施，确保完成旧改任务。(2)政策创新，完善相关工作措施。一是结合旧改工作实际，不断深化完善旧改相关政策和体制机制，如历史建筑分类保留制度措施、旧改地块司法执行新机制、容积率转移政策等；二是进一步加强工作协同，继续发挥旧改地块收尾新机制、国企签约的协商推进机制，行政司法协调机制等作用，加快推进法院查封"毛地"地块司法解封等协调工作。(3)攻坚克难，不断拓宽旧改资金筹措渠道。一是在积极争取国家政府专项债支持的同时，按照土地出让计划，市、区相关部门加快土地出让，力争"收尾一块、出让一块"，保障旧改资金需求；二是市城市更新中心结合年度旧改项目和资金需求，继续落实政企合作项目旧改资金；三

① 上海市人民政府新闻办公室：《上海举行新闻发布会介绍上海市旧区改造工作相关情况》。

是积极协调“毛地”地块实施过程中的问题，充分利用社会力量和社会资金参与旧区改造。(4)公开公平，加强房屋征收管理。坚持公开公平征收，以“群众工作十法”(即一线工作法、精准排摸法、党员带动法、危中寻机法、平等交流法、循序渐进法、钉钉子法、换位思考法、组合拳法、经常联系法)为指导，强化群众工作观念，细化群众工作措施和制度；不断完善房屋征收“二次核价”、房屋征收补偿方案管理等制度，合理引导货币化安置比例；同时，加强房屋征收队伍管理，进一步配强配齐人员力量，加强人员培训和队伍建设，提升征收工作人员的业务能力和专业水平。(5)加快建设，提升区域功能和能级。旧区改造不仅要圆百姓的“安居梦”，也要盘活土地存量、高效利用空间资源，要让一块块宝地找到“好人家”、建成“好项目”、集聚“好产业”、形成“好功能”、成就“好未来”。一是结合区域功能规划，加快旧改地块和资源平衡地块规划编制工作，统筹好风貌保护和开发建设的平衡点，坚持“区域平衡、动态平衡、长期平衡”，对于旧改地块和资源平衡地块，提高土地利用效能；二是把民生改善与经济发展有效对接，继续加大基地收尾工作力度，坚持征收与规划同步谋划、规划与土地出让同步推进、土地出让与项目建设同步计划，实现征收、出让、建设“三同步、三联动”。(6)加强保护，深化城市更新和延续历史文脉。一是深化城市更新，拓展旧区改造工作内涵，根据住建部“实施城市更新行动”相关要求，结合《上海市城市更新条例》立法，在确保成片旧改任务全面完成的基础上，坚持“留改拆并举，以保留保护为主”，以点带面，总结推广；二是强化风貌保护，健全分类保留保护的管控机制，在加大推进旧区改造、改善民生的同时，强化历史建筑保护和历史风貌保护，尽最大可能传承城市记忆、延续历史文脉，尽最大可能维护城市历史风貌、天际轮廓，尽最大可能保持原有空间肌理、城市结构，在2020年发布的《上海市旧区改造范围内历史建筑分类保留保护技术导则(试行)》基础上，开展地方标准制定，强化技术管控，推进分类保留保护要求在项目规划、建设、运营等全生命周期管理的各领域、各环节真正落地。

第三章
上海“十三五”以来旧区改造及城市更新的主要经验

城市是一个生命有机体。伴随着时代发展的需要和可能条件，因地制宜、科学推动旧区改造与城市更新，是一座城市始终保持繁荣发展的必然选择。综观建国以来上海的城市建设与发展历程，大力度推动旧区改造，切实改善居民的居住体条件，努力改善民生质量，构筑与社会主义现代化国际大都市地位相匹配的城市面貌，历来是上海市委市政府高度关注并持续推动的一项重大民生工程，取得了历史性成就，使城市面貌发生了革命性变化。尤其是自“十三五”以来，上海按照贯彻新发展理念、顺应新发展阶段，构筑新发展格局的总体要求，在“人民城市”理念指引下，本着高效能治理、高质量发展、高品质生活的目标，进一步加大旧区改造和城市更新的政策创新，旧区改造全面加速，城市更新稳步推进，人民群众的获得感明显提升，城市空间品质、人民生活品质发生了显著改善；同时，上海也创造了旧区改造和城市更新的诸多新实践，积累形成了许多“可复制、可推广、可借鉴”的新经验。

第一节　推动城市更新理念与方式全面转型

理念是行动的先导。旧区改造和城市更新作为城市建设的重要内容，与一座城市的经济发展阶段、治理方式、社会发展需求等紧密相关;换句话说,特定发展阶段的城市当政者对城市功能定位、发展目标的准确认识,主动推动着重大战略的转型升级以及发展理念的重大创新,并在某种程度上直接决定着旧区改造、城市更新的方式、方法、政策选择以及实践效果。综观上海"十三五"以来的旧区改造、城市更新实践,实际上正是在全面建设卓越全球城市的目标引领下,迎合新时代国家经济高质量发展、高品质生活、高效能治理的总体要求,谋求城市发展从传统的增量粗放式发展全面转向存量更新与内涵式发展的重要选择。将自身放置于国家和全球城市发展的视野下,遵循城市经济发展和城市治理的趋势和规律,科学判断国内外发展大势,主动推动城市发展方式转型,树立践行适应城市特点、满足时代要求、人民至上的科学发展理念,成为着力推动旧区改造、城市更新高质量发展的基本前提和根本基础。

一、适时推动从旧区改造向城市有机更新转变

总体来看,上海城市建设经历了三个显著阶段,即建国后至2000年间以危棚简屋为主要对象的旧区改造、2000—2015年间以二级旧里为主要对象的大规模改造开发和2015年启动开展的以历史建筑为主要对象的城市有机更新,这一过程充分反映了城市建设主线从大规模改造向有机更新的转变,尤其是在第三个阶段,政府高度关注城市历史、城市文化在城市发展中的独特作用,适时提出从"拆改留"向"留改拆"过渡、以"留"为主的更新发展主张,全面启动了针对优秀历史建筑、工人新村、工业遗产、商业商务建筑等多元化更新发展策略,以留住城市机理、文化脉络,提升城市的软实力。但同时,为了切实改善旧区居民的生活居住条件,按照"人民至上"的理念,政府继续推进成片二级旧里以下的旧区改造,全面消灭"提马桶"现象,让所有人民群众共享城市发展成果。总体而言,以危棚简改造和二级旧里以下旧住房改造为主线的大拆大建,已经渐渐让位于以历史建筑城市更新为主

线的保留保护工作,"推土机式"的改造模式,已经逐渐被"绣花针式""手术刀式""针灸式"的工作方式取代,工作越来越精细化、精准化、人性化、民主化,真正开始从效率追求为主,慢慢向效率追求、公平追求相结合的方向迈进。

二、强调城市旧改更新从单一目标向多目标转变

理论上讲,城市更新不仅是旧建筑和旧设施的翻新以及城市建设的技术手段,它还具有深刻的经济发展、社会人文和公共政策等的内涵。城市更新至少包括四个方面的目标:一是经济发展层面的目标,二是社会文化方面的目标,三是物质环境层面的目标,四是政策机制层面的目标。忽视经济可行性、淡化社区利益、缺乏人文关怀、离散社会脉络、脱离政策条件的更新并不是真正意义上的城市更新。也就是说,城市更新应该具有多维目标,而不仅仅是建筑过程。上海的旧区改造在改革开放前还只是单一的民生工作,到后来与房地产开发、绿地建设、交通建设、市政基础设施建设等相结合,开始成为集民生改善、经济发展、环境建设、市政建设为一体的综合性工作。近些年来,上海的旧区改造和城市更新除了强调经济增长和经济发展外,更多地开始与历史建筑保护、历史风貌保护、历史文化传承、文化创意产业相结合,有了文化建设、场景营造、艺术发展的内涵,真正走向"见物见人见精神"并集合社会、经济、文化、环境等多元化、综合性目标发展的阶段,逐渐开始走到符合历史文化名城、卓越的全球城市、国际文化大都市的定位上来。

三、推动传统的封闭式运作向开放式阳光动迁转变

随着城市旧区改造、城市更新法律法规的不断完善和政策的不断细化,强调旧改更新工作的公开、公平、公正,从根本上消除各种非规范的"暗箱"操作,提升规范化、法治化水平,让旧区改造、城市更新在"阳光"下运行,让每一个被征收居民都能感受到实实在在的获得感、公平感、幸福感,成为旧

改更新工作持续发展的关键所在。为此,进入 21 世纪以来,上海开始全面推行“阳光动迁”理念,不断探索形成依法、公开、透明、规范的旧改与更新全新模式。如针对成片二级旧里以下的旧区改造,形成了“两轮征询”制度,把“改不改”“如何改”的权力交给了居民群众;在全市旧改地块从最初的“三公开”“五公开”“九公开”“十一公开”,到全面推行动迁安置结果全公开,基地使用“阳光动迁信息管理系统”,居民可以通过触摸屏,直接查询、了解和掌握基地居民所有安置信息;基地启动前,由各街道党工委负责搭建由人大代表、政协委员、法律人士、专业人士、新闻工作者、社区工作者以及动迁居民代表组成的第三方公信平台,全程参与、协调和监督征收(动迁)工作;探索形成社会公信人士参与征收、党建联建整合资源、“集全市之力”动员机制、重大工程立功竞赛新形式等的各种组织形式,逐渐取得社会的理解、信任和支持。

四、推动政府主导为主向政府企业社会共同参与转变

我国城市治理的模式转变经历了几个阶段,体现了从自上而下到多元共治的发展趋势。这种趋势一方面体现在“政府-市场-社会”三者之间更加平衡的互动和合作,另一方面体现在中央与地方关系中,地方政府在地方事务上更多的自主权。十八大以来,我国的城市治理背景转变巨大,也对城市更新领域产生了重要影响。在城市更新的背景下,我国城市治理面对的问题更加复杂,相关主体更加多元,各主体的力量也更加均衡,因此,城市治理的模式也需要主动发生相应的转变。主要的城市治理模式分为三类,分别为单一主体模式、市场竞争模式和政府引导参与模式。这些模式既体现了多元化治理的国际趋势,也能够反映出我国的特殊政治经济背景,特别是政府引导参与的模式,体现了我国城市更新三方治理中政府的重要角色。早在 1992 年,上海第一个旧区改造地块的毛地批租,开启了整合市场力量开展旧区改造的步伐。早在 20 世纪 90 年代末,瑞安集团实施的新天地项目也以房地产开发形式启动了整旧如旧式的历史建筑保护利用工作。

2000年前后，卢湾区打浦社区开始运作田子坊自下而上的“柔性改造模式”。在2003年，市、区两级政府根据《关于同意本市历史文化风貌区内街区和建筑保护整治试行意见的通知》(沪府办〔2003〕70号)，选取历史建筑较为集中的街区或地块作为试点予以推进，开启“政府协调支持、专家指导把关、企业具体运作、市民积极参与、社会各方配合”的历史建筑保护保留运作模式。到2018年，市、区级层面全面建立了“政企合作”的旧改和更新模式，这充分彰显了上海市政府部门角色的变化。政府逐渐从前台走到后台，主要开展各项政策完善、组织机制创新、各方力量协调、舆论氛围引导上来，具体工作交给市场和社会。社会力量和市场力量的释放，一定意义上解放了地区政府，使之从大财力、大精力、大人力的投入中解脱出来，集中财力、精力、人力进行保障托底的工作。

五、从旧改中的单体保护全面走向历史风貌保护

城市不是简单的建筑物堆积，风貌才能体现城市的底蕴。所以，旧区改造不是只保护一幢幢建筑，而是要成街区地保护其风貌。保护工作既要符合历史建筑的原有功能，又要充分融入“城市，让生活更美好”的理念，通过一栋一栋、一片一片的保护，充分发挥历史建筑和历史街区的公共功能、公共空间作用，使历史街区焕发出新的青春。上海在旧区改造和城市更新中，在原来强调单体保护的基础上，高度重视历史街区整体风貌的保护与完善。从2003年开始，上海就建立了历史文化风貌区制度。到2016年5月，时任市委书记韩正在徐汇区调研城市历史建筑、历史风貌保护工作时强调，历史建筑、历史风貌是城市历史的延续、文化的积淀，做好历史建筑、历史风貌保护工作，是上海贯彻落实中央城市工作会议精神的一项重要工作，要求全市各级领导干部要有正确的思想认识和工作理念，依法依规、科学规划、严格保护，把这项工作纳入城市建设和管理的全过程，长期坚持、一以贯之。2021年开始执行的《上海市城市更新条例》共有5章10个条文涉及风貌保

护等内容,其中有2个条文是专门对“风貌协调要求”和“风貌保障”作出规定。比如第三十四条规定,在优秀历史建筑的周边建设控制范围内新建、扩建、改建以及修缮建筑的,应当在使用性质、高度、体量、立面、材料、色彩等方面与优秀历史建筑相协调,不得改变建筑周围原有的空间景观特征,不得影响优秀历史建筑的正常使用。

第二节 法治先行确保城市更新的科学性权威性

法治化是上海城市建设、规划和管理的最大优势,也是城市旧区改造和城市更新的重要理念。上海通过政府立法,确保了旧区改造和城市更新的有序、科学推进。这主要表现在三个方面:

一、制定旧改总体性法律意见

2017年11月,根据《中共中央、国务院关于进一步加强城市规划建设管理工作的若干意见》《国务院关于进一步做好城镇棚户区和城乡危房改造及配套基础设施建设有关工作的意见》以及《中共上海市委、上海市人民政府关于深入贯彻落实中央城市工作会议精神进一步加强本市城市规划建设管理工作的实施意见》,上海市政府制定颁布了《关于坚持留改拆并举,深化城市有机更新,进一步改善市民群众居住条件的若干意见》,对旧区改造中的“拆改留”问题做出了统一明确的法律规定,为全市旧区改造提供了基本遵循和法律依据。

二、制定城市更新的专项法规

目前,上海的城市建设发展模式已经进入从外延扩张转向内涵提升、从大规模的增量建设转向存量更新为主的新阶段。这些年来,上海积累了一批富有特色的城市更新案例，这些有益经验正从“实践”上升为地方性“法规”。2021 年 8 月 25 日，市十五届人大常委会第三十四次会议表决通过了《上海市城市更新条例》，条例自 2021 年 9 月 1 日起正式施行。该条例从城市更新边界、政府职责、规划编制、项目实施、更新保障等方面，对全市城市更新活动做出了总体部署和明确规定。这部法规的出台，意味着上海从地方性法规层面为有效推进城市更新工作提供了有力法治保障，这对于践行“人民城市”重要理念、提升城市软实力具有重要意义。

三、依法推进历史风貌保护

历史风貌保护是旧区改造和城市更新中必然面临的重大问题，也是其重要内容。围绕这一领域出台相关法律法规，确保城市历史风貌不受破坏、城市文脉得以延续，历来是上海旧区改造和城市更新工作坚持的一贯做法。如早在 2002 年，上海市人大常委会审议通过了《上海市历史文化风貌区和优秀历史建筑保护条例》，填补了法律的空白，并在后来对条例经过了 2 次修订，根据保护实践需要，陆续发布了加强历史文化风貌区建筑修建规划管理、进一步加强历史文化风貌区和优秀历史建筑保护、实施优秀历史建筑分级管理以及历史风貌成片保护分级分类管理等一系列配套文件，编制完成了历史文化风貌区保护规划、优秀历史建筑保护技术规定及修缮技术规程等。2017 年，上海市政府颁布实施《关于深化城市有机更新促进历史风貌保护工作的若干意见》，建立健全了上海市历史风貌保护工作机制，针对历史风貌保护实施项目，实行风貌评估、实施计划和实施监管相结合的管理制度，以更严格、更规范的举措，维护城市历史风貌的保护和历史资源的活化开发利用。2019 年，上海市人大完成修法，新版《上海市历史风貌区和优秀历史建筑保护条例》正式通过。通过法律法规，上海将具有历史文化风貌价值的街坊、道路、河道等纳入保护范围，强化所有人和使用人的保护责任，强调保护对象的活化利用和生活宜居，努力把积淀城市记忆和加强人文关怀统一起来。为统筹全市历史风貌保护工作,上海市政府设立了历史风貌区和优秀历史建筑保护委员会,同时分别设立历史风貌区和优秀历史建筑专家委员会、城市更新和旧区改造专家委员会,强化每一幢历史建筑的甄别,确定保护更新方式和具体要求。每一地块经保护专家委员会论证后纳入法定保护规划,并在拆除、复建等阶段严格落实和执行相关保护要求。

第三节　从“拆改留、以拆为主”走向“留改拆、以留为主”

城市既是一个人们生活居住的地方,同时也是一个满载历史文化资源和保存城市记忆的文化空间。在旧区改造和城市更新过程中,面对大量的老建筑、历史遗迹,是采取“拆除重建”为先的改造方式,抑或是采取“拆除、保留”并重的举措,直接体现着城市当政者对城市文化、城市历史、城市记忆的态度,更体现着未来城市发展的内涵和品质。实际上,到底是采取“以拆为主”还是“以留为主”,既是城市政府进行城市更新的理念使然,也与城市经济社会发展的阶段特征有一定关系。但综观国内大多数城市旧区改造或城市建设开发的实践,在城市化快速发展进程中,普遍存在过度房地产化的开发建设方式,大拆大建、急功近利的倾向,随意拆除老建筑、搬迁居民、砍伐老树的现象,变相抬高房价、增加生活成本的问题,也是不争的事实。也正因为如此,2021 年 8 月,国务院住房和城乡建设部制定颁发《关于在实施城市更新行动中防止大拆大建问题的通知》,明确要求“实施城市更新行动要顺应城市发展规律,尊重人民群众意愿,以内涵集约、绿色低碳发展为路径,转变城市开发建设方式,坚持‘留改拆’并举、以保留利用提升为主,加强修缮改造,补齐城市短板,注重提升功能,增强城市活力”。上海在旧区改造和城市更新进程中,面对繁重的成片旧区改造任务和满足城市重大工程设施建设的需要，在“拆”改“留”的时序选择上，也经历了“以拆为主”向“留改拆并举”“以留为主”的转变。早在2010年《上海旧区改造十二五规划》当中，旧区改造的主要方针是“拆改留”，并明确指出上海市旧区改造的重点是以拆除二级旧里以下房屋为主，但在2016年《上海市住房发展“十三五”规划》中，针对过去“拆改留、以拆为主”的传统旧改方针，提出了“用城市更新理念推进旧区改造”的新理念，即提出“留改拆并举，以保留保护为主”的新原则[①]，要求全市旧改工作要转变旧区改造方式，用城市更新理念，多元化、多渠道推进旧区改造，对于旧区改造地块范围内的文物建筑以及有保留价值的历史建筑，按照保护要求和地块规划，在房屋征收后不拆除，严格予以保护，开始更加注重改造中的保留与保护。在确保城市风貌保护的前提下，上海还将继续加大中心城区成片和零星二级旧里以下房屋改造，积极探索一级旧里及以上住房改造。这是上海旧区改造理念的一次重大转型，旨在统筹兼顾旧改和历史风貌保护，使旧区改造更注重上海城市建设和发展整体以及提升城市的内在品质和文化软实力。2017年11月，上海市政府制定颁布的《关于坚持留改拆并举，深化城市有机更新，进一步改善市民群众居住条件的若干意见》，进一步提出按照“留改拆并举、以保留保护为主，保障基本、体现公平、持续发展”的要求，适应卓越的全球城市建设需要，转变观念，创新机制，完善政策，运用城市有机更新的理念，突出历史风貌保护和文化传承，更加注重城市功能完善和品质提升，稳妥有序，分层分类推进实施“留改拆”工作，多途径、多渠道改善市民群众居住条件。从此，上海的旧区改造开始向“留改拆并举、以保留保护为主”的城市更新方向迈进。其中，政策亮点主要包括[②]：

① 上海市人民政府：《上海市人民政府关于印发〈上海市住房发展“十三五”规划〉的通知》（沪府发〔2017〕46号），2017年7月6日。

② 上海市人民政府：《关于坚持留改拆并举，深化城市有机更新，进一步改善市民群众居住条件的若干意见》（沪府发〔2017〕86号），2017年11月9日。

一、明确"留改拆"的工作范围

将房屋使用功能不完善、配套设施不健全、安全存在隐患、群众要求迫切的各类旧住房,纳入"留改拆"工作范围,主要包括二级旧里为主的旧式里弄及以下房屋,优秀历史建筑、文物建筑、历史文化风貌区内以及规划列入保留保护范围的各类里弄房屋,各类不成套旧住房等。要求各区树立成片保护的理念,按照规划控制要求,根据旧改地块实际情况编制改造方案,经历史风貌规划评估和认定后实施改造;对于需要保留原有建筑风貌和居住使用功能的,按照"留房留人"等方式,实施修缮改造,保护历史风貌特色,改善市民居住条件和生活环境;对需要风貌保护且对居民重新安置的旧改地块,通过"征而不拆"等方式,对房屋实施征收,原有建筑保留,征收完成后,按照规划要求实施保留保护改造和利用。

有序开展旧住房拆除重建改造。对不属于保留保护对象、未纳入旧区改造范围,建筑结构差、年久失修、基本设施匮乏、以不成套公有住房为主的旧住房,以及被房屋安全专业检测单位鉴定为危房或局部危险房屋、无修缮保留价值的房屋,可开展拆除重建改造。拆除重建改造发挥居民自治作用,并按照市房屋管理、规划国土资源部门明确的认定条件、改造程序、规划建设等要求实施;鼓励户型设计创新,在不减少原住户居住面积、完善建筑使用功能的同时,规划设计工作按照规划导向,明确地区功能优化、公共设施和道路交通完善、居住品质提升、小区环境改善、基础设施完善的目标和要求,提升规划建设水平和改造品质;通过市、区财政补贴资金,公有住房出售后的净归集资金,政府回购增量房屋收益,居民出资部分改造费用等方式,多渠道筹措旧住房拆除重建改造资金。

二、加强各类保留保护建筑管理和修缮

对本市各类保留保护历史建筑,按照整体历史风貌和建筑本体特色的

保留保护要求，分级保护、分类施策，促进保护更新与活化利用。

积极实施优秀历史建筑的保护修缮。根据《上海市历史风貌区和优秀历史建筑保护条例》的相关要求，按照修旧如旧和保护利用兼顾的原则，实施合理改造和优化。必要时，可在综合评估的基础上，结合使用功能完善，通过局部改建等方式，实施保护性修缮。

加强保留历史建筑的保护更新。在加强历史建筑保护、保留历史肌理的基础上，采用规划保留、拆除复建、拆除新建或局部加高等方式，进行保留更新和重新利用。

有序推进历史风貌区内房屋整体修缮。充分挖掘历史风貌区的存量房屋，通过对风貌区各类保留保护房屋文化价值、保护现状、管理利用状况进行评估，推进既有建筑的功能转换。结合新建、配建、扩建的方式，完善区域配套设施，提升服务功能，实现风貌区的整体保护和活化利用。

对于规划明确保留保护的各类里弄房屋，按照“确保结构安全、完善基本功能、传承历史风貌、提升居住环境”的要求，提高修缮标准，加大修缮力度。积极探索保留保护建筑改造试点；开展保留保护建筑内部整体改造、抽户（幢）改造等试点，通过改造，恢复原来的使用功能或达到成套独用或每户单独使用厨卫设施，减轻房屋使用强度，增加小区公共设施，扩大公共空间，改善居住条件，更好保护历史风貌；可根据改造方案确定抽户对象，结合项目特点，制定货币化置换或房屋置换方案；市里统筹征收安置住房作为置换房源；对符合条件的被抽户对象，纳入共有产权保障住房供应范围，及时予以解决；改造后的公有住房，应按照实际确定房屋类型、换发租赁凭证，并调整标准租金；其中，符合公有住房出售条件的，可纳入出售范围。

2017 年 12 月 26 日，静安区北站新城作为全市“留改拆并举，以留为主”旧改新政的首个试点项目正式生效。该地块旧改拥有 2 370 证、9 000 多名居民。在二轮征询首日，其签约率以 99.58%的高比例生效，创造了中心城区大型旧改地块中的新速度。在静安区出台的苏河湾“一河两岸”规划方案中，北站新城等在内的新增历史建筑超16万平方米将被保留。同时，静安区在张园（南京西路风貌保护区的核心区域，是上海现存最大的、拥有中晚期石库门种类最为齐全的建筑资源）通过"征而不拆，人走房留"的保护性征收方式，在修旧如旧的原则下，逐渐恢复其历史风貌和街坊肌理。

三、综合推进各类旧住房修缮改造

为推动旧住房综合改造，根据国务院办公厅《关于全面推进城镇老旧小区改造工作的指导意见》，上海市制定出台《关于"十三五"期间进一步加强本市旧住房修缮改造，切实改善市民群众居住条件的通知》《上海市成套改造、厨卫等综合改造、屋面及相关设施改造等三类旧住房综合改造项目技术导则》《关于加快推进本市旧住房更新改造工作的若干意见》等政策文件，进一步完善旧住房更新改造实施机制，不断提升建筑设计水平，建立健全标准规范体系，拓展旧住房修缮改造内涵。

加快推进旧住房成套改造。针对建筑结构差、安全标准低、无修缮价值的不成套职工住宅和小梁薄板等存在安全隐患的房屋，根据《上海市拆除重建改造设计导则》，按照"能改愿改则应改尽改"的原则，通过实施拆除重建改造，实现房屋安全隐患彻底消除、厨卫功能全面完善、配套设施综合提升；对确无条件实施拆除重建改造的不成套职工住宅，通过对房屋加层扩建或在北侧、南侧加建，完善厨卫使用功能的贴扩建改造；对厨卫合用的保留保护里弄房屋，在保留空间肌理和整体风貌的前提下，通过局部加高、拆除复建、调整房屋内部平面布局、抽户等方式进行改造，实现成套独用或每户均配备厨卫设施，更高水平实施里弄房屋内部整体改造；针对改造后使用面积达不到最低使用面积要求、房屋所在的具体部位妨碍增设厨卫空间排布、无法实现在改造范围内原地安置等情况，根据改造方案确定抽户对象，通过实物或货币化安置方法，将改造范围内部分房屋置换，减轻房屋使用强度，完善厨卫等房屋基本使用功能，实现建筑优化利用。

着力提升旧住房修缮改造水平。按照“内外兼修”的要求，通过对小区基础设施改造及房屋屋面、外墙、楼梯等公共部位维修，提升小区环境、完善房屋基本功能、改善房屋绿色节能性能；同时，因地制宜完善无障碍坡道等适老化设施，满足居民对住房安全的需要和基本生活的需求；按照“便民、利民、少扰民”的原则，在旧住房修缮改造中，将管线入地、二次供水、消防设施建设、停车设施建设、积水点排除、环境整治、违法建筑整治等统筹实施；鼓励在满足日照、间距等环境要求的前提下，挖掘小区内部空间，新建门卫间、智能末端配送设施、地下停车库、社区服务中心等配套设施；合理拓展改造实施单元，推进相邻小区及周边地区联动改造，通过整合盘活社区区域资源，完善配套设施，优化使用功能，形成社区服务设施、公共空间共建共享的新局面；对社区内慢行通道、广场绿地、社区服务设施等多种类型的空间和设施进行改造提升，实现社区空间重构，功能复合利用；以“小区、街区、社区”为更新单元，通过统筹协调旧住房更新改造建筑风格，结合实施空调外机等外立面附属设施整治提升，不断改善老旧住房外立面品质。

第四节　创新机制以增强旧区改造和城市更新的合力

旧区改造是一项涉及主体多、资金需求量大、周期长的系统工程，对一座旧区存量巨大的超大城市而言，单靠政府的财政投入力量，抑或主要依赖辖区政府的力量，难以实现旧区改造工作的统筹规划和整体推进，尤其是对一些规模较大的单体旧改地块，面对数百亿的土地征收费用，光靠政府的财政投入难以为继。因此，积极探索旧区改造的市场化运行机制，是超大城市旧区改造的必然选择。

一、探索旧区改造中的政府购买服务机制

2016 年，上海市人民政府办公厅公布《关于在本市开展政府购买旧区改造服务试点的意见》(以下简称《意见》)，提出在旧区改造中引入政府购买服务运行机制，以突破旧区改造的融资瓶颈，规范财政预算管理、控制政府债务风险。《意见》明确，政府购买旧区改造服务，是指将旧区改造纳入本市政府购买服务实施目录，按照政府向社会力量购买服务的有关规定，通过法定的方式和程序，公开择优选择承接主体，由承接主体根据政府购买旧区改造服务合同的约定提供旧区改造相关服务。国有企业要积极参与政府购买旧区改造服务的活动，发挥在旧区改造中的骨干作用。

《意见》提出，购买范围限定在政府应当承担的旧区改造征地拆迁服务以及安置住房筹集、公益性基础设施建设等方面，不包括旧区改造项目中配套建设的商品房以及经营性基础设施；政府购买旧区改造服务的主体(简称"购买主体")是区(县)政府或者区(县)政府授权的相关部门；承接政府购买旧区改造服务的主体(简称"承接主体")应符合《上海市政府购买服务管理办法》所提出的基本条件，优先选择资金实力雄厚，旧区改造业绩好、市场信誉好、业务经验丰富的企业；购买主体应按照政府采购法的有关规定，可依法采取公开招标、邀请招标、竞争性谈判、单一来源采购、询价等方式进行购买；因特殊情况需要采用公开招标以外的采购方式，应当在采购活动开展前经财政部门批准。政府购买旧区改造服务资金应纳入政府财政预算安排，并由购买主体根据协议要求按照进度向提供旧区改造服务的承接主体支付服务费用。

《意见》从遴选项目、统筹计划、编制预算、制定方案、实施采购、签订合同、提供服务等 7 个步骤对政府购买旧区改造服务的程序作了严格规范。其中规定，购买主体在旧区改造项目第一轮征询通过后，根据项目实际情况，编制政府购买旧区改造服务预算，报财政部门审核；市、区(县)联合出资

的旧区改造项目，按照市、区（县）分担比例确定；购买主体在财政预算下达后，以经批准的政府购买旧区改造服务实施方案所明确的方式，依法开展采购工作，确定承接主体；购买主体与承接主体签订政府购买旧区改造服务合同，明确购买服务的范围、标的、服务期限、资金结算方式、双方的权利义务事项和违约责任等内容；承接主体可依据政府购买旧区改造服务合同等，向金融机构或金融市场进行融资。

此外，《意见》还强调，要加强政府购买旧区改造服务的指导和监管，强化区（县）政府的主体责任，加强组织领导，按照“政府采购、合同管理、风险控制、绩效评价、信息公开”的原则，不断完善细化操作办法，加快建立健全规范统一、公开透明的政府购买旧区改造服务新机制；形成区（县）政府组织领导、财政部门牵头指导、旧区改造主管部门负责实施的政府购买旧区改造服务工作格局，明确职责分工，落实工作责任，积极稳妥有序推进政府购买旧区改造服务试点工作，并在试点成功基础上，加以完善和推广；财政部门要建立政府购买旧区改造服务的退出机制，对弄虚作假、冒领财政资金和有其他违法违规行为的承接主体，依法给予行政处罚，并列入政府购买旧区改造服务黑名单，3 年之内不准其参加政府购买旧区改造服务活动。①

二、确立“政企合作、市区联手、以区为主”的旧改新模式

实际上，在“十三五”之前，上海的旧区改造主要实行的是以政府为主、以区为主的改造模式，一些地块面临着成本收益的倒挂现象，一般开发商不愿参与改造，致使旧区改造更成为“硬骨头”，难以满足民众对改善居民条件和美好生活的向往。所以，从 2019 年开始，为了破解过去旧区改造资金难题，市政府更加注重旧区改造的顶层设计，改变以往全部以政府财政资金为主导的方式，开始积极寻求市场伙伴，引入市属或区属国企进行市场化融

① 《上海旧区改造引入政府购买服务》，载《中国政府采购报》2016 年 8 月 30 日。

资,探索建立功能性国有企业参与旧区改造的新模式,首创形成了"政企合作、市区联手、以区为主"的旧改新模式,在全市层面统筹推进旧区改造工作。这也是目前全国较为先进的旧区改造模式,为超大城市旧区改造和有机更新发挥了引领示范作用。

具体而言,在继续深化市区联手土地储备、区单独土地储备、社会力量参与旧区改造、鼓励金融机构加大对旧区改造融资支持等基础上,2018 年 10 月 25 日,上海地产集团成立了注册资本为 100 亿元的全资国有子公司——上海城市更新有限责任公司,全面探索和推动全市"政企合作"的旧区改造新路径新模式,以加快中心城区二级旧里以下房屋改造,尽快改善市民群众居住条件,开展历史风貌区和历史建筑保留保护,实现城市有机更新,促进区域经济社会发展,提高城市功能和能级。2019 年,上海城市更新公司与黄浦金外滩集团、杨浦城投集团、虹口虹房集团、静安北方集团等区属国资企业合资成立了四个区级城市更新公司,市区投资比例为 6 ∶ 4,负责旧改地块的改造实施。在这一模式下,上海地产集团参与了黄浦区老城厢乔家路地块、虹口区 17 街坊、杨浦区 160 街坊、静安区洪南山宅 240 街坊、虹口东余杭路(一期)等项目的改造,占到当年全市近 50%的改造量①。这种改造新模式,通过市场化机制和手段,实现了多渠道融资,以组团打包的方式,实施了一次性集中启动、集中推进、集中开发,有效破解了老城厢一些旧改地块成本收益"倒挂"的资金筹措难题,使得上述改造项目的推进过程非常顺利高效,已经取得了非常显著的成效,为全面加快全市旧区改造提供了有力的保障。近期,除了上海地产集团以外,瑞安地产、中海等很多企业也开始投入旧改工作②。

三、率先成立全市统一的城市更新中心

从 2018 年自上海地产集团组建上海城市更新公司以来,上海在全市范

① 杨玉红:《国企赋能　上海旧改　驶入"快车道"》,载《新民晚报》2020 年 7 月 14 日,2 版。
② 陈月芹:《上海旧改加速》,m.eeo.com.cn/2020/0808/397122.shtml。

围内开始积极推进“市区联手、政企合作”改造新模式的试点工作，效果显著。在此基础上，2020年7月13日，以上海地产集团城市更新公司为主，上海设立了全市统一的旧区改造功能性平台——上海市城市更新中心。新挂牌的这一新中心，主要发挥政府与市场资源的嫁接者、城市功能的整合者、城市规划的融合者角色，从融资、规划设计、征收补偿、招商引资等方面，按照“综合平衡、动态平衡、长期平衡”的原则，坚持整体开发理念，统筹地块空间资源、资金平衡、功能业态、公共服务、风貌保护、建筑形态等，全过程、全流程负责推进全市旧区改造、旧住房改造、城中村改造及其他城市更新项目的实施。这是上海将旧区改造和城市更新有机结合、全面破解旧改资金难题、深度推动政企合作、加快城市旧区改造步伐的一次全新体制机制改革，必将为未来的旧区改造和城市更新注入新的动力和活力，推进城市高品质发展。

四、建立城市更新协调推进机制

城市更新是一个涉及多部门的整体性更新过程，但在实践中，城市更新存在着部门化、单体化、碎片化的问题，一些更新项目往往只注重单体建筑的改造，缺乏应有的区域统筹理念和相关设施的综合配套建设，为此，2019年，上海组建了由市政府及相关管理部门组成的“上海市城市更新和旧区改造工作领导小组”，负责领导全市城市更新工作，统筹协调相关部门，对全市城市更新工作涉及的重大事项进行决策。城市更新工作领导小组下设办公室，办公室设在市规划和国土资源主管部门；在实践操作上，上海依法强调“区域更新、整体推进”，在明确规划资源、住房建设、经济信息、商务等部门职责的基础上，要求发展改革、房屋管理、交通、生态环境、绿化市容、水务、文化旅游、应急管理、民防、财政、科技、民政等部门在各自职责范围内协同推进城市更新；此外，上海建立城市更新统筹机制，设立市城市更新中心，由更新统筹主体负责推动达成区域更新意愿、整合市场资源、编制区域更新方案,由政府赋予更新统筹主体参与规划编制、实施土地前期准备、统筹整体利益等职能,统筹、推进更新项目实施。

五、创新城市更新融资机制

城市更新项目由于开发周期长,本质上需以重资产模式运行,而如何解决资金来源问题已成为各地城市更新面临的主要问题。超大城市成片整体改造项目的体量、资金规模动辄数百亿,其中大部分资金用于现有居民或商户的拆迁补偿与安置,加上一线城市不再允许大拆大建的模式来进行旧区改造,旧改资金平衡难度较大,导致市场更新动力不足。上海市在“十四五”期间全面完成成片二级以下旧里的改造任务,已进入大规模旧改收尾阶段,但剩余地块情况十分复杂,有的地块已经搁置了几年甚至更长时间,现在要重新启动,需要逐一对地块明确处置方案。有的地块要创造条件,“激活”原开发主体的改造意愿;有的地块已经被司法查封,也要想方设法、依法合规“解封”,最后由市、区两级政府和国有企业“兜底”①;再加上上海土地利用较为饱和,通过外迁获取土地二次开发难度较大,且城区有大量历史保护建筑,开发商等参与方很难平衡市场投资者和现有物业权利人之间的利益,面临着更大的资金平衡难题。为此,上海地产集团成立上海市城市更新中心之后,为拓展旧改项目融资新模式、实现旧改资金平衡。2021 年 7 月起,上海地产集团联合多家行业标杆企业和大型金融机构,按照“政府指导、国企发起、市场运作”的原则,共同发起国内规模最大的城市更新基金。该基金采用“引导基金+项目载体”模式,总规模 800 亿元,其中上海城市更新引导基金规模为 100.02 亿元,由国泰君安证券旗下的国泰君安创新投资有限公司担任基金管理人,与上海地产集团旗下城市更新投资管理公司共同担任执行事务合伙人,负责基金和项目的投资管理运营等相关工作。引导基金

---

① 《上海大规模旧改进入收尾阶段,今年将完成成片二级旧里以下房屋改造 70 万平方米》,https://hot.online.sh.cn/content/2021-05/13/content_9758988.htm。

的投资领域将聚焦于上海市城区的旧区改造、历史风貌保护、租赁住房等城市更新项目。[①]

六、全面建立城市更新的社会参与机制

设立城市更新专家委员会(简称专家委员会)。专家委员会由规划、房屋、土地、产业、建筑、交通、生态环境、城市安全、文史、社会、经济和法律等方面的人士组成，按照规定开展城市更新有关活动的评审、论证等工作，并为市、区人民政府的城市更新决策提供咨询意见。

建立健全城市更新公众参与机制，依法保障公众在城市更新活动中的知情权、参与权、表达权和监督权。编制城市更新指引过程中，应当听取专家委员会和社会公众的意见；物业权利人以及其他单位和个人可以向区人民政府提出更新建议。

依托“一网通办”“一网统管”平台，建立全市统一的城市更新信息系统。城市更新指引、更新行动计划、更新方案以及城市更新有关技术标准、政策措施等，同步通过城市更新信息系统向社会公布；市、区人民政府及其有关部门依托城市更新信息系统，对城市更新活动进行统筹推进、监督管理，为城市更新项目的实施和全生命周期管理提供服务保障；建立社区规划师制度，发挥社区规划师在城市更新活动中的技术咨询服务、公众沟通协调等作用，推动多方协商、共建共治。

成立上海市城市更新促进会。2022 年 2 月，上海在城市更新领域全国率先成立了地方性、非营利性、专业性社会团体——上海市城市更新促进会，由上海地产集团、上海城市更新建设发展有限公司、上海地产城市更新投资管理有限公司共同发起。上海市城市更新促进会将汇聚力量与智慧，借鉴国内外经验做法，结合理论和实证研究，协助有关部门共同深入推进上

---

① 《助力上海可持续更新和发展，百亿上海城市更新引导基金正式启航》，https://mp.weixin.qq.com/s/-eQ60uXx2Z32pxyr2nQLCA。

海城市更新行动,特别是在当前加快探索创新城市更新路径的背景下,让专家、学者、各类实践主体群策群力,拓展思路,交流提高;深入探索更新模式,在《上海市城市更新条例》引领下,通过各类前瞻性研究、信息交流共享、项目落地实证等活动,推动新一轮城市更新项目实施;充分发挥多平台组合优势。

第五节　政策创新为旧区改造和城市更新保驾护航

一、适时调整城市规划政策

在城市规划这一重要的城市管理工具中,一些“硬性”规定将对城市更新产生直接而重大的影响。为此,规划政策的创新(如物业权利人提供的公共设施或公共空间的用地性质、空间高度、建筑面积,都可在符合法规的前提下进行调整,依此来保障城市更新的顺利进行),是上海推动城市更新的一项重要举措。具体而言,新的规划政策规定,在符合区域发展导向和国家规划土地法规要求的前提下,允许用地性质的兼容与转换,鼓励公共性设施合理复合集约设置;在地区整体空间对建筑高度不敏感的地区,允许高度适度提高,紧凑建设,以高度换开放空间;以为地区提供公共性设施或公共开放空间为前提,通过适当的建筑面积奖励,强化地区品质和公共服务水平;对于增加保护具有价值历史建筑的地块,将部分历史建筑的建筑面积不计入规定总量;此外,在特定条件下,部分地块的建筑密度、建筑退界和间距等可以按不低于现状水平控制。

二、加大规划土地支持政策

早在 2017 年,上海为贯彻落实当时的《上海城市更新实施办法》,制定了《上海市城市更新规划土地实施细则》，对城市更新有关的用地性质改变、建筑高度调整、用地边界调整、建筑容量调整等作出了适时改革创新，指明在中心城区内经认定的城市更新地区范围内的城市更新项目，应按照本市有关经营性用地、工业用地全生命周期管理要求，提升城市功能和品质，提高土地利用质量和效益。具体而言，规划土地政策的调整创新主要体现在三个方面：第一，创新土地开发方式，按照“存量补地价”的方式，支持现物业权利人依据规划重新取得建设用地使用权；第二，沿用旧区改造出让金返还政策，对于城市更新中“存量补地价”的土地出让收入，在计提后返还区县专项用于城市更新工作；第三，实施“全生命周期管理”的新土地开发、出让模式，这一模式以土地出让合同为平台，对用地期限内土地开发运营的全过程实施动态监管：对涉及风貌保留保护的改造项目，建立风貌保护开发权转移机制；允许风貌保护相关用地因功能优化再次利用，进行用地性质和功能调整；对新增风貌保护对象的改造项目，可给予建筑面积奖励；经认定的风貌保护项目，可按照保护更新模式，采取带方案招拍挂、定向挂牌、存量补地价等差别化土地供应方式，带保护保留建筑出让。

三、创新税费政策

电力、通信、市政等专业经营单位参与政府组织的旧住房更新改造的，其取得所有权的设施设备等配套资产改造所发生的费用，可作为该设施设备的计税基础，按照规定计提折旧并在企业所得税前扣除；所发生的维护管理费用，可按照规定计入企业当期费用税前扣除。在旧住房更新改造中，为社区提供养老、托育、家政等服务的机构，提供养老、托育、家政服务取得的收入免征增值税，并减按90%计入所得税应纳税所得额；用于提供社区养老、托育、家政服务的房产、土地，可按照现行规定，免征契税、房产税、城镇土地使用税和不动产登记费等。采用拆除重建等方式进行旧住房更新改造的项目,根据有关规定享受城市基础设施配套费减免政策;符合不宜修建民防工程情形的,免征民防工程建设费。

四、加大财政金融政策支持

市、区两级政府统筹土地出让收入、公有住房出售净归集资金及其增值收益、直管公房征收补偿款以及财政预算安排资金,分别设立市、区风貌保护及城市有机更新专项资金;市级专项资金主要用于支持经认定的重点区域风貌保护相关支出及重点旧改地块改造、配套基础设施建设完善以及旧住房和保护建筑修缮改造补助等;完善市、区合作实施旧区改造模式,对重点旧区改造地块继续采取市、区合作进行土地储备的方式,或通过市级财政资金给予补贴支持;经认定的旧区改造地块,涉及经营性土地出让的,其土地出让收入按照市、区两级投入资金的比例分成,在扣除国家规定计提专项基(资)金和轨道交通建设基金后,专项用于旧区改造;鼓励各区通过发行地方政府债券,筹措改造资金。

鼓励商业银行加大产品和服务创新力度,在风险可控、商业可持续前提下,依法合规对实施城镇老旧小区改造的企业和项目提供信贷支持;支持商业银行、基金公司等机构创新金融产品,改善金融服务,为旧住房更新改造项目及居民户内改造和消费提供融资支持;居民可提取住房公积金,实施既有多层住宅加装电梯。

五、完善房屋征收补偿政策

征收安置住房作为保障性住房,应优先供应居住困难群体,充分体现保障基本功能;市属征收安置住房,按照房屋征收范围内的房地产权证和租用公房凭证的总数,原则上以不高于 1∶1 的比例配置;科学完善征收安置住房定价机制,供应价格与市场价逐步接轨;合理设置奖励补贴科目和标准,对按期签约、搬迁的被征收人、公有房屋承租人,除签约、搬迁两类奖励外,不再增设其他奖励科目。坚持实物安置与货币化安置并举，房屋征收地块实物安置与货币化安置应保持合理的比例，确保他处无房、居住困难的被征收对象可选择实物安置；坚持大型居住社区的用地属性，征收安置住房建设用地优先供应，积极推进征收安置住房基地的土地储备、征收腾地和开工建设，确保旧区改造用房需求；坚持集中有序发展，整合资源和力量，发挥市场机制作用和国有企业骨干优势，加快推进大型居住社区内外配套建设和公共服务设施的移交接管、开办运营。

第六节　方法创新以全面架构党建引领的基层旧改更新工作体系

成片二级旧里以下的旧区改造和城市更新，涉及年代久远的老房子，往往面临着老年人多、外来人口多、低收入群体多的现实情况。因此，旧区改造牵涉众多市民，利益诉求复杂、矛盾纠纷高发，且缺乏有效的处置手段，这使得旧区改造有“天下第一难”的说法。尤其在一些家庭中，因历史原因，家庭内部关系错综复杂，在巨大的征收补偿利益面前，往往会因利益分配不均引发各种各样的矛盾冲突，给旧改工作和社会安定和谐带来巨大挑战。而近年来，尽管面临疫情防控的巨大挑战，但上海市、区有关部门把旧区改造摆在更加突出的位置，坚持党建引领，创新思路办法，加大工作力度，着力改善市民居住条件，深化城市有机更新，全力打好旧区改造攻坚战，旧区改造呈现出加速推进的良好态势，特别是黄浦等中心城区的一些旧改地块却屡屡创下旧改新纪录。如2020年，宝兴里居民区仅用354天就实现了“当年启动、当年收尾、当年交地”，仅用172天就实现了居民100%自主签约、100%自主搬迁，历史性地实现了旧改推进“零执行”；2021年，黄浦区外滩街道79街坊再破纪录：仅用24天实现100%自主搬迁；仅用142天实现了一轮征询100%、二轮酝酿期首日100%、居民自主搬迁100%签约。[①]而这些巨大成就的取得,与上海始终将旧区改造作为民生工程和民心工程,充分发挥党建引领功能形成高效工作体系,并高度重视旧改矛盾的多元化解,从情理法入手,帮助居民解决各类"急难愁盼"问题有很大关系。因此,上海市走出了一条超大城市党建引领旧区改造的新路。这主要体现在以下三个方面:

一、构筑党建引领的基层旧改工作推进新机制

旧区改造和城市更新既是民生工程,也是民心工程,征的是房屋,收的是民心。因此,旧区改造和城市更新需要把党的建设作为一根红线,引领、贯穿、保障旧区改造全过程、各领域,旧改工作推进到哪里,党组织就建在哪里,党建工作就开展到哪里。各级领导干部和基层工作者从坚守党的初心和使命出发,践行"以人民为中心"的思想,坚持群众路线"生命线",充分发挥党的政治优势、组织优势,整合协调多方资源,汇聚旧改工作的强大合力,为上海快速推进旧改更新工作提供了根本政治保障。如上海黄浦区在全市率先制定出台《关于践行"人民至上"理念,强化党建引领旧区改造全周期的实施意见》,明确党建引领旧区改造全周期工作的总体要求和具体内容,以提升组织力为重点,创新党建引领旧改体制机制,积极引导党组织和党员发挥作用,推动旧改任务高质量完成。具体而言,黄浦区在区级层面构建旧改项目"党建联席会议+临时党支部"的党建工作组织架构,其中旧改项目党建联席会议由区领导担任召集人,区旧改办、建管委、房管局等政府相关管理部门参与,设立政策咨询小组、矛盾调解小组、问题解决小组等6个小组,充分发挥党建引领优势,汇聚各方力量和资源,群策群力共破难题,共同推进重点事项的落实;旧改项目临时党支部则是通过发挥街道的党建联建力

① 刘素楠:《城市更新如何破解"天下第一难"?上海"黄浦模式"揭秘旧改背后的情理法》,https://www.jiemian.com/article/6647493.html。

量，直接在旧改地块上由居委会党员、征收事务所党员、旧改参与单位党员、党员居民代表等组成而设立的临时专业性基层党组织，打破了行政和资产隶属关系的束缚，由居民区党总支书记担任党支部书记，召集各旧改参与单位高效协同推进工作，充分发挥基层党组织的战斗堡垒作用，及时解决居民群众需要，同时建立党员先锋队、青年突击队等，充分发挥党员先锋模范作用，引导社区党员增强主体意识，在旧改工作中积极当好方针政策的宣传员、社情民意的调查员、沟通协调的联络员、排忧解难的服务员。“以党建联建为载体，以征收基地为平台”的这一机制在黄浦区宝兴里旧改中得到首次实践应用，取得了非常显著的成效，为创造旧改新纪录发挥了巨大功效。对此，本书第四章第一节将在案例分析中将作出更深入的分析。

目前，黄浦区上述党建引领的旧改举措和做法，已经在全市其他城区及街道旧改中进行了复制和推广。如静安区在开展北站新城旧改时，在旧改基地上成立了以街道机关、闸北第一征收事务所、居民区党员组成的265人的“临时党支部”，通过召开临时党支部支委会议、成立大会、党小组会议等凝聚共识，充分发挥党员在旧改中的积极带头作用和示范引领作用，帮助开展群众思想工作，成为老百姓旧改征收中的强力依靠；与此同时，旧改基地还成立了一支由80名机关干部组成的党员志愿者队伍，全力服务居民，协助旧改有序进行。[①]再如长宁区天山路街道，针对非成套房屋综合改造工作，街道党工委积极探索“党建＋”模式，成立由街道党工委领导下的街道非改工作领导小组、非改工作专班临时党支部和居民区非改工作党支部，明确领导小组组长和临时党支部书记为第一责任人，做到非改工作推进到哪里，党组织就建在哪里，党建工作就开展到哪里，党组织的战斗堡垒作用就体现到哪里，党员的先锋模范作用就发挥到哪里，以党建引领助推非成套房屋改造各项工作，全力保障了非成套改造工作的快速、和谐、有

① 杜晨薇、唐烨、周楠：《上海：旧改提速　多途径保护城市记忆》，载《解放日报》2019年10月21日。

序推进。[①]又如杨浦区大桥89街坊征收基地，是2020年杨浦最大的旧改基地，在2020年“七一”前夕，大桥街道机关党支部，杨浦第一征收事务所党支部，仁兴街、华忻坊、周家牌路居民区党总支等五家党组织签订党建联建协议，成立大桥街道89街坊征收基地临时党支部，设立“党员先锋岗”，响应“学‘四史’永葆初心，亮身份党员先行”号召，充分发挥党组织的政治优势、组织优势和群众工作优势，开展“地毯式”入户走访，最终于同年7月23日以99.63%的首日签约率实现整地块的签约生效，创下上海市超大型基地首日签约最高最快纪录。[②]实际上，这种因党建引领取得更大成就的街道和旧改基地非常之多，本书因篇幅所限不再赘述。

二、实施旧改矛盾的多元化解和全周期管理

在旧区改造中，家庭矛盾复杂、诉求问题多，传统司法路径耗时长、花费大、极易导致家庭关系破裂。因此，在党建引领下，从进一步增强并充分体现党群鱼水关系的角度出发，将旧改居民当亲人，将心比心，多措并举，建立健全旧改矛盾多元化解机制，形成矛盾全周期管理新格局，想方设法把矛盾化解在萌芽之中，就成为既要加快旧改速度、又要提高旧改质量、确保社会大局安全稳定的内在要求。为此，上海面临旧改重任的中心城区因地制宜、发挥优势、突出特色，不断创新矛盾化解方式方法，形成了打好矛盾化解的“组合拳”，走出了一条旧改矛盾多元化解和全周期管理的新路子。其特色举措主要包括以下几点：

第一，全面推行公平、公开、公正的“阳光征收、阳光动迁”，根除旧改中

---

① 长宁区委组织部：《长宁区天山路街道：探索“党建＋”模式　推进旧居综合改造》，https://www.shjcdj.cn/djWeb/djweb/web/djweb/index/index!info.action?articleid=ff8080817574d9dd0175cbf33c170473。

② 杨浦区委组织部：《杨浦区大桥街道：发挥党建联建作用，按下旧改“加速键”》，https://www.shjcdj.cn/djWeb/djweb/web/djweb/index/index!info.action?articleid=ff80808173e353f80173fc3301cb007c。

暗箱操作和“不公平”形成的矛盾。旧改工作从政策上做到统一操作口径，统一补偿奖励，统一房源管理，为旧区改造的公开、公平、公正运作打下坚实的基础，同时再配套相关社会监督体系，增强旧改工作的透明度和可信度。一方面，在市和区两个层面，充分发挥政协、人大代表等组织和群体的力量，对全市或全区的旧改工作进行专项调研和督查，及时了解旧区改造面临的困难、旧改进度等，提出有针对性的改革建议，不断提高监督的针对性、实效性，为有序公平地推动旧改工作提供了有力支撑；另一方面，一些旧改地块，如静安区北站新城旧改基地，为了公开、公平、公正地推进征收工作，主动优化和完善监督管理机制，通过让居民自由报名、居民投票选举的方式，选出一线普通居民作为监督员和听证会代表，同时设立纪委监察室，接受居民举报违法违规问题，最大程度地维护了旧改工作的公平、公开、公正性，消除了旧改暗箱操作及其产生的人民群众之间相互猜疑或观望等待的现象。

第二，通过市区合力，搭建党建引领旧改工作议事协调平台，专门协调“单位征收”中的矛盾问题。旧区改造和城市更新除了涉及大量的居民家庭矛盾外，也囊括“单位征收”这一十分重要的组成部分。和居民房屋征收相比，单位征收往往更为复杂，常常牵涉沉积多年的历史遗留问题、政策衔接问题、房屋土地确权问题；部分央企、市区国企还涉及城区基础功能保障和经济发展问题，也是征收中一块难啃的“硬骨头”。由于涉及央企、市企的单位征收，仅仅靠一个或多个区政府的力量，依然难以解决诸多矛盾冲突。为此，上海市委组织部通过市区联手，搭建起党建引领旧改工作议事协调平台，会同市旧改办，积极指导、督促相关单位落实责任，多方协调、解决难点。这一机制在黄浦区得到了有效应用，在破解“单位征收搬迁”难题、加快旧改速度方面发挥了巨大威力。在具体操作过程中，2020 年，黄浦区委设立了单独的“单位征收部”，专门负责单位征收事宜。同时，市委借助市区合建的党建引领旧改工作议事协调平台，通过让市各大口党委安排专人专职，进入黄浦进行指导，分析研判单位签约，积极主动实施搬迁工作，如 2021 年市建设交通工作党委在积极协调签约之余，专程选派 6 名优秀青年干部到黄浦帮助指导、直接参与单位征收工作；市国资党委多次牵头专题洽商，协助城投水务等 12 家集团公司迅速搬迁；市委金融工委实地调研党建引领旧改推进情况，工商银行上海分行表态全力支持黄浦旧改跑出“加速度”……在市区旧改平台的充分协调和大力促进下，在党建引领的攥指成拳、合力攻坚下，仅花费 6 个月时间，黄浦就完成了全区 322 证单位的签约、搬迁工作。[①]由于其特有的功效，这一案例获得了第四届中国（上海）社会治理创新实践“十佳案例”称号。

第三，司法部门通过设立“城市更新巡回审判（调解）工作站”提前介入进行专业解释，用非诉讼方式将矛盾化解在萌芽之中。旧区改造作为一项多利益调整的系统工程，涉及旧改政策规定、民法典、物业管理法、婚姻法等多部法律法规，专业性较强。因此，让旧改居民准确理解旧改政策、依法合法维护自身权益，是防范和化解旧改矛盾的重要条件。但现实中，旧改征收案件由于受历史原因和地理条件的影响，遗留问题错综复杂，利益诉求犬牙交错，家庭矛盾往往难以调和，导致旧改矛盾重重、工作进展缓慢。这使司法提前介入，就旧改法规及各利益主体的权责利关系提前向居民做出更权威、更专业的解释说明，多渠道提供周到的法律咨询服务，依法稳妥审查征收（拆迁）类行政非诉执行案件，审慎处理好各类重大敏感和矛盾易激化案件，成为化解矛盾、推动工作的重要推动力量。对此，上海黄浦区法院立足涉旧改案件当事人的利益诉求，在涉旧改街道和商圈成立“城市更新巡回审判（调解）工作站”，为居委干部、志愿者提供法律实务培训，建立健全案前介入、案中化解、案后跟踪的三位一体式涉旧改矛盾纠纷多元化解机制。法官们在居民家门口一线，认真听取居民诉求和苦难，针对提出的涉及居民利益分割、房屋征收的相关法律政策进行耐心细致解答，释法明理，引导当事人

① 王月华：《“两条腿一起跑”！黄浦单位征收和居民征收一样“出彩”》，https://www.thepaper.cn/newsDetail_forward_15842662。

优先选择诉前调解方式化解矛盾纠纷，提高审执效率，实现争议的实质性解决。

第四，努力做到“五清”，实行一户一策，用心用情帮助居民家庭化解矛盾。如黄浦区各街道依托“一网统管”等信息平台，开展大数据分析，对旧改对象进行全面摸底、逐一排查，既要掌握户籍、房籍等基础信息，还要了解家庭收入、他处住房、困难低保、重大疾病等特殊情况。各基地征收事务所、临时党支部、临时党小组、居委会干部注重运用上门访谈、实地走访等传统好做法，坚持循序渐进、平等交流，与重点户居民面对面接触，反复拉家常、听想法，直观了解性格脾气、身体状况、家庭情况等。在此基础上，各基地整合各类信息，加强关联分析，努力做到“房籍信息清、户籍人口清、社会关系清、利益诉求清、矛盾问题清”这“五清”，为更好与群众对话交流、更精准开展矛盾化解工作奠定了坚实基础，并对合理的个性诉求，在守住旧改政策底线、不突破标准的前提下，采取“一户一策”的方式，及时有效予以解决。

第五，引入第三方调解机构和社会力量，搭建自治平台，加大协商调解，帮助居民化解矛盾纠纷。如黄浦区乔家路地块，围绕房屋征收矛盾问题的解决，引入第三方调解机构，为居民提供政策解释、调剂和法律咨询服务；在一些征收地块搭建并利用“四位一体”调解委员会，由全国劳模、征收总监张国樑牵头，由街道及居委、律所、征收所和劳模工作室聘请的退休法官组成调解班子，为有矛盾家庭提供协商平台，成功化解诸多家庭内部纠纷、财产分割等矛盾。静安区则首创律师全程参与旧改工作模式，为洪南山宅地块旧改基地高比例生效提供重要保障。又如杨浦区在大桥 89 街坊，其征收基地建立“心桥工作室”，由街道司法所党员干部带队调解员和法治专员为基地居民提供法律咨询，并同步聘请潘凤英、陈为珍等群众基础好、工作经验丰富的老书记，设立“老书记工作室”等社会调解机构，帮助调解征收中的家庭矛盾和纠纷。围绕收尾交地问题，虹口区优化“七步工作法”，在签约期结束后，在原有行政谈话、街道领导上门谈话、社区干部谈话的基础上，组织人大代表、政协委员、党代表、人民调解员等对未签约、未搬迁的居民开展群众工作,力争打开群众心结,化解群众矛盾。

三、“调解+决定+申请执行”破解搬迁难

在高房价、高成本背景下,城市更新往往会遇到少部分业主不同意、拒绝搬迁等不配合难题,这将造成一些涉及公共利益的更新项目难以推进。为此,《上海城市更新条例》明确,在公有旧住房拆除重建和成套改造中,在签订明确合理的回搬或者补偿安置方案、达到95%以上同意和签约比例后,公房承租人仍然拒不搬迁的,实行“调解+决定+申请执行”三种处置方式。即公房承租人拒不配合拆除重建、成套改造的,公房产权单位可以向区人民政府申请调解;调解不成的,为了维护和增进社会公共利益,推进城市规划的实施,区人民政府可以依法作出决定;公房承租人对决定不服的,可以依法申请行政复议或者提起行政诉讼;在法定期限内不申请行政复议或者不提起行政诉讼,在决定规定的期限内又不配合的,由作出决定的区人民政府依法申请人民法院强制执行。同时,针对老旧小区加装电梯中碰到住户不同意而难以推进的情况,《上海市城市更新条例》依法明确作出规定:既有多层住宅需要加装电梯,按照《民法典》关于业主共同决定事项的规定进行表决,对加装电梯过程中产生争议的,依法通过协商、调解、诉讼等方式予以解决。

第四章 近年来上海旧区改造和城市更新的经典案例

为顺应城市建设与转型发展趋势，上海在旧区改造和城市更新方面成功探索出了一条符合超大城市特点和规律的更新发展之路，形成了一套成功的多元化改造方法，打造了诸多成功的城市更新经典案例，营造了许多在国内外有影响力的城市新地标，为上海城市转型发展注入了新活力，也充分体现了上海城市发展的软实力。本章选择一些旧区改造和城市更新的典型案例做出进一步分析，旨在对其独特做法和经验进行提炼和总结。

第一节 旧区改造经典案例

一、静安区彭浦新村街道：旧区非成套房屋改造[①]

（一）彭浦新村街道旧区改造的基本情况

静安区是上海棚户简屋比较密集的中心城区之一，也是当前全市开展旧区改造的重点区域。2015 年，闸北区与静安区“撤二建一”成立新静安，自此以后，新的静安区政府将旧区改造作为最大的民生工程，提出“基本完

① 陶希东：《上海旧区改造的实践经验总结与“十四五”展望》，转引自卢汉龙、周海旺、杨雄、李骏主编：《上海社会发展报告（2021）》，社会科学文献出版社 2021 年版，第 45—55 页。

成全区成片二级以下旧里改造,拆除成片二级以下旧里约 32.64 万平方米,受益居民 1.8 万户”,全面打造精品精致美丽城区的目标。近 5 年来,静安区紧咬目标不放松、深化制度与手段创新,久久为功,积极推进,跑出了全市旧区改造的加速度。随着 2020 年 4 月 28 日宝山路街道 31、149、150、152 街坊旧改地块项目(简称“四合一”街坊项目)正式签约生效,全区总共消灭成片二级以下旧改地块共 16 块,约 32.64 万平方米,涉及征收居民约 19 690 户,提前八个月完成了“十三五”时期的旧改任务,实现了彻底消灭成片二级以下旧里的既定改造目标。围绕旧区改造,全区上下齐抓共推、合理推进,尤其是基层街道一线,从实际出发,大胆创新,创造了超大城市旧区改造的诸多基层实战经验和工作方法,非常值得总结借鉴。

彭浦新村是 20 世纪五六十年代随着中国工业发展和上海工业城市建设而规划建设的首批“工人新村”分布区,60 多年以后,昔日让人羡慕的彭一、彭二、彭三等居住小区,都成为当前的老旧小区,成为静安区非成套旧公房最为集中的地区。进入新世纪以来,在上海不断深入开展的旧区改造大潮中,彭浦新村成为了全市旧改任务最重的基层单元之一,也是全市旧改新政先行先试的重要地区。彭浦新村街道早在 2005 年 3 月就开始启动实施旧住房成套改造工作,2008 年开始在房龄长、结构老化严重、厨卫合用户数较多的彭三小区,尝试拆除重建的改造方式(俗称“拆落地”,是指将老房拆除并在原地重建,居民通过在外租房过渡、政府承担过渡费用等方式搬离老房,待房屋竣工后再回搬的一种改造方案,其改建原则是“拆一还一”),旨在从根本上解决老旧小区居民的居住难题,彻底改善居民居住条件并努力提升生活品质。截至 2019 年 8 月,街道已改造完成 51 幢公房,建筑面积 65 847 平方米,受益居民 1 919 户(见表 4.1)。2020 年 10 月 9 日,全市非成套拆除重建改造项目中建筑体量最大、居民户数最多、情况最复杂、改造难度最高的非成套旧住房小区——彭一小区(建筑面积 85 930 平方米,待改造户数 2 110 户,将拆除 40 幢老房,新建 7 幢 19 层、5 幢 18 层、1 幢 17 层等共计 17 幢高层建筑）旧住房成套改造签约正式生效，租赁房居民签约率达到 99.08%，产权房居民签约率达到 99.17%，创造了签约首周内项目生效的新速度。这标志着彭浦新村街道即将完成“十三五”期间消除非成套旧住房的战略目标，既改善居民生活条件，也为街道转型发展赢得新的空间。

表 4.1　彭浦新村街道旧住房成套改造具体改造情况（截至 2019 年 8 月）

<table>
<tr><th colspan="2">小　　区</th><th>改造方式</th><th>非成套住宅数</th><th>建筑面积</th><th>居民户数</th></tr>
<tr><td colspan="2">彭五小区</td><td>改扩建</td><td>12 幢</td><td>17 851 m^2</td><td>522 户</td></tr>
<tr><td colspan="2">彭七小区</td><td>加层扩建</td><td>8 幢</td><td>8 774 m^2</td><td>287 户</td></tr>
<tr><td rowspan="5">彭三小区</td><td>一期</td><td>改扩建</td><td>6 幢</td><td>9 208 m^2</td><td>258 户</td></tr>
<tr><td>二期</td><td>拆落地</td><td>6 幢</td><td>4 890 m^2</td><td>144 户</td></tr>
<tr><td>三期</td><td>拆落地</td><td>4 幢</td><td>8 160 m^2</td><td>285 户</td></tr>
<tr><td>四期</td><td>拆落地</td><td>15 幢</td><td>16 964 m^2</td><td>423 户</td></tr>
<tr><td>五期</td><td>拆落地</td><td>11 幢</td><td>27 560 m^2</td><td>878 户</td></tr>
</table>

（二）“原拆原建”住宅示范的样板：彭三小区旧住房综合改造经验

彭三小区隶属于静安区彭浦新村街道，紧邻上海南北交通中轴——共和新路高架东侧，距离市中心人民广场约 15 千米。小区南、东、北分别为闻喜路、平顺路、临汾路，总占地面积 8.54 万平方米。小区住宅大都建成于 20 世纪六七十年代，共有 55 幢，其中有独用厨卫设施的成套住宅 15 幢，建筑面积 2.85 万平方米，居住居民 590 户；无独用厨卫设施的不成套住宅 40 幢，建筑面积 6.7 万平方米，居住居民 2 001 户。这些居民基本都是自身难以购买商品房的社会弱势群体。在住宅建造质量方面，这些住宅都为砖混 4—6 层，是当时典型的小梁薄板结构，很多建筑已达到它们的使用期限，建筑严重老化，房屋墙面屋面腐蚀风化，雨天普遍渗水漏水。在使用功能方面，这些建筑多为两至三户合用一个厨房、三至四户共用一个卫生间，甚至八到十户共用一个倒便器，经常出现早上排队上厕所的情况，邻里纠纷难以避免。在小区环境方面，由于地基不均匀沉降，雨污水管年久失修、堵塞不畅，小区标高已经低于周边市政道路标高近1米，每逢暴雨季节，底层住户进水常常漫过膝盖，平时则常年阴暗潮湿。在物业管理方面，由于物业费极低，管理形同虚设，以致绿化破损、私拉电线、乱设摊档、晾晒无序、群租滋事等等，居住其中的居民苦不堪言，小区亟待改造。

作为政府实事工程，自2007年起，彭三小区便被列为全市试点旧住房成套改造项目之一，分五期实施。闸北区委、区政府经过反复推盘模拟、实地调查、问计于民，从2008年开始，全面启动彭三小区的改造，旨在解决非成套房屋的煤卫独用问题，探索旧住房成套改造的新方法。彭三小区因为存在居民厨卫合用非常不便、房屋结构老化、道路严重积水、上下水管道堵塞等硬伤，一般寻常的修缮已经无法改善。这使得小区成为全市第一个"拆落地"改造的试点小区，主要解决卫生间、厨房间的独用。在市、区、街道相关部门的共同努力下，彭三小区经过了从一期到五期的分期分批改造，是迄今为止全市最大的非成套改造项目，在"留改拆"改造新政中，探索形成了超大城市老旧小区"原拆原建"的改造新模式，塑造了非成套老房子改造的住宅示范和样板。其中，彭三小区四期工程作为静安区乃至上海市第一个完整试点"原拆原建"的住宅，实现了首日集中签约达到96%、签约期签约率100%，是全市首个拆落地签约率达到100%的项目，开创了全市旧区改造的奇迹。

彭三小区总体上实行原地改造的主要方式。面对小区居民改善居住条件的迫切愿望，传统大拆大建的动迁安置方式在此处已经没有出路。经过批准的法定控规，也将该区域定义为保留储备地块，近期在规划上也没有彻底动迁改造的打算。要解决居民住房困难这一老百姓最直接、最急迫的现实利益问题，必须创新思维。因此，此次改造在彭三小区主要采取非动迁式的原地安置方式，按照节约、滚动、多样化、可持续的理念，进行分类、分期的旧住房综合改造。考虑到小区8.5万平方米的巨大占地范围，2 591户、近万人的庞大居住人口规模，从投资总量、施工组织、居民改造期间的过渡安置以及成本控制的角度综合考虑，小区改造共分为 5 期进行。同时，针对现状住宅户型、质量、间距的不同情况，此次改造本着先易后难、逐步探索的原则，主要采取三种改造方式。

第一，对成套住宅实施外部平改坡和内部设施的综合改造。小区外围沿共和新路、闻喜路、平顺路沿线，共有成套住宅 15 幢、2.85 万平方米。这些平顶房屋建造多年，防水、隔热功能严重老化，急需实施平改坡(平顶改坡顶)改造。按照上海的技术规定，增加的坡顶坡度不得大于 45°，从而不影响北侧底楼居民的采光。这样既改善了顶楼居民冬冷夏热的居住环境，又大大改善了住宅的第五立面。与此同时，此次改造对住宅内部的各类管网以及屋顶水箱进行更换改造，并对外立面和内部走廊等进行粉刷。作为改造的一期工程，这样投资最省，见效最快，也令住宅面貌焕然一新。

第二，对不成套但建筑质量尚可且有距离空间的住宅实施增加厨卫的改扩建。在小区东北角共有 6 幢 5 层住宅，现有的建筑结构和房型条件都相对较好，主要为 2 户合用卫生间，且南北向建筑间距在 15 米以上，建筑高度 14 米，按照建筑高度与间距 1∶0.9 的要求，建筑控制间距只要达到 12.6 米即可，这样每幢楼可以有 2.4 米的距离空间用于扩建。具体改造将原楼梯外移，腾出空间用于改建为厨房卫生间。这 6 幢住宅原有建筑面积 0.94 万平方米，经过这样的改造，只增加建筑面积 0.06 万平方米，平均每户仅增加 2.4 平方米、每户投资仅增加 2 万元左右，就实现 268 户人家的厨卫独用成套。经过这样的成套改造后，通过售后房的形式向居民出售并办理居民房产证，平均每户可以净归集资金 1.5 万元左右，不足部分由市、区两级财政予以补贴。作为改造的二期工程，这样不仅包括了平改坡的内容，更实现了 6 幢居民楼分户成套的愿望。近年来，只要现状条件具备，这样一种既经济节约、又深受居民欢迎的改造方法已经是闸北乃至上海非成套旧住宅改造的优先考虑方式。

第三，对不成套且建筑质量严重老化的旧住宅实施拆除重建。对彭三小区而言，旧住宅的最大部分还是缺乏厨卫、结构严重老化破损、不具备保留扩建条件、只能拆除重建的 34 幢危旧不成套公房。针对每个住宅组团房屋的不同情况，此次改造再细分为三种改造方案：

(1) 原建筑拆除、原地加层重建方案（三期）。小区中心偏南位置的 4 排 5 层行列式住宅，建筑已经严重老化，无法采用扩建厨卫方式。但原有住宅间距较大，达到 18 米，如果参照 1∶0.9 的扩建方式控制间距，新建建筑可以达到 20 米高，若将每层层高控制在 2.8 米内，可以建 7 层。基于此，此次改造拆除原 4 幢建筑共 285 户、0.816 万平方米，新建 4 幢 6—7 层住宅共 300 户、1.42 万平方米，这令平均每户建筑面积从 28.6 平方米增加到每户 47.3 平方米。新增加的 15 户一部分用于后期改造住宅的过渡或安置，一部分由政府回购用于廉租住房，同时也部分解决了改造的资金平衡问题。但这样做的问题在于，它并不完全符合“改造办法”针对的保留＋改扩建方式，而是一种完全的重建。因此，征求居民意见过程不是达到“办法”规定的 2/3 同意，而是要求居民 100％同意，以确保在法律上不留后遗症。尽管要求有些苛刻，但经过街道、房管、规划等部门与居民反复沟通，重建方案不断优化细化设计，最终经居民全部同意，顺利实施。

(2) 局部整组团拆除，组团内调整布局新建方案（四期）。随着实践由浅入深，改造遇到的问题也越发复杂。在基地的西北角，6 幢住宅不仅质量较差，现状间距本身较小，必须转变改造方式。经过多次征求居民意见，在 100％同意的情况下，改造采用了“拆六建三”的方式，即根据 6 幢建筑拆除后的基地条件，布置 3 幢建筑，层数由原来的 4 层变为 6—7 层，房型设计与三期类似，总建筑面积由原来的 0.49 万平方米增加到 1.01 万平方米，户数由 6 幢楼的 144 户增加到 3 幢楼的 207 户，平均每户建筑面积从 34 平方米增加到 48.6 平方米。在满足原有住户安置的前提下，增加的户数同样用于后期改造安置、过渡、廉租房等。

(3) 整片拆除，重新编制改造的规划设计方案（五期）。前面从 2007 年开始的连续 4 期的改造，总共改造了 5.1 万平方米的旧住宅，增加了 1.2 万平方米的建筑面积，其中 590 户成套住房实现了平改坡、建筑节能、二次供水等改造，697 户不成套居民实现了成套改造，同时增加了 78 套廉租或安置房源。虽然成绩显著，但仍有 1 304 户尚未改造，占整个小区不成套居民的 65%。面对居民加快改造的强烈呼吁，经过与居民多次沟通，规划提出小区剩余部分整片拆除、整体设计的改造思路，并据此拟定了以新建 18 层住宅为主的详细规划。该规划将拆除剩余 4.5 万平方米的 1 304 套不成套住宅和 1.23 万平方米的原较为破旧的文化馆、菜场、派出所、居委会等，将新建 1 480 套、建筑面积 8.2 万平方米的住宅和 1.8 万平方米的社区配套用房。这一规划在增加住宅高度、户数、地下停车量的基础上，还一并改善了社区配套设施，平均每户建筑面积也从每户 34.5 平方米增加到每户 57 平方米。经过市、区两级有关部门以及规划、交通、市政等各方面专家的多次论证后，该规划最终得到市政府的批准。作为全市迄今为止最大的非成套改造项目，在市、区各级领导的高度关心和相关部门的大力支持下，彭三五期于 2018 年启动居民集中签约，878 户居民在签约期内全部签约，签约率达到了 100%。经过三年的不懈努力，截至 2022 年 1 月 7 日，彭三五期居民们期待已久的摸号选房工作正式启动。

（三）彭浦新村街道旧区改造的方法与经验

“十三五”时期，彭浦新村街道始终坚持发扬“四个特别”（特别能吃苦、特别能忍耐、特别能战斗、特别能奉献）精神，在区委、区政府的坚强领导下，坚定不移地把推动旧住房成套改造工作作为贯彻落实“人民城市人民建，人民城市为人民”的重要理念落地见效的重要任务，作为最大的底线民生和回应居民迫切需求、改善居住环境的重要答卷，不断增强责任感和使命感，攻坚克难、久久为功，创造了全市旧区改造的诸多第一。综观彭浦新村街道在推进旧住房成套改造实践，以彭一小区为例，重点形成了如下工作经验：

（1）在制度保障上坚持聚合力，不断提升旧房改造加速度。彭一小区不仅自身改造总量大、房型多、产权房多、土地属性复杂，与住宅改造同步进行的公建配套在政策标准、设计标准等方面尚无可遵循的政策，成为制约彭一成套改造工作的“拦路虎”。街道坚持举上下之力、汇各方之智，坚决啃下“硬骨头”、打赢“攻坚战”。一是在工作力量上重整合。街道党工委将推动彭一旧改作为街道一号工程，靠前指挥，定期沟通工作进展，统筹面上工作，研究解决突出问题。2020 年以来，面临疫情防控、人口普查、文明城区创建等重要任务，街道坚持统筹兼顾、“弹好钢琴”，通过争取区级机关干部挂职锻炼和在街道范围内选派居民区党员社工等方式，增强彭一小区旧改一线工作力量。二是在整体推进上抢时间。与彭一小区体量相当的彭三小区分五期改造，整个改造周期长达 13 年。彭一小区内 80 岁以上老人高达 585 户，考虑到他们的年龄和身体状况，街道以等不起的紧迫感、慢不得的危机感、坐不住的责任感，下定决心一期完成彭一小区的成套改造工作。为此，街道建立倒逼机制，倒排时间节点，在区相关部门的大力支持下简化和创新工作流程，为“十三五”期间完成旧改任务赢得时间。三是在争取政策上找依据。面对土地归并、绿化面积、供电配比系数和公交枢纽出入口行车安全等多方面的“疑难杂症”，街道一方面加强与各条线部门沟通协调，在现行政策的框架下寻找解决问题的最大可能，与此同时，深入一线进行调研，获取第一手资料，提出解决问题切实可行的方案，为上级部门决策提供精准依据。凭借“咬定青山不放松”的劲头，彭一旧改始终行驶在“快车道”上。

(2) 在方案设计上坚持高标准，增强旧房改造说服力。彭一旧改采用“拆除重建”的改造方式，新房设计品质、房屋面积、实用性等是居民最关注的问题，也是直接关系到后续签约工作能否顺利推进的关键。街道成套办坚持把完善方案设计作为改造的第一要务，作为说服居民的第一材料，把高标准、严要求贯穿始终。一是充分把握信息排摸这一前提。彭一小区内房屋建造年代不一样，房屋结构不尽相同。有三四户人家合用一个卫生间，也有七八户人家合用；有的人家有阳台、壁橱、杂间，有的没有；壁橱、杂间还分独用、合用。街道用连续2个月的时间，对每家每户的房屋基本信息进行了彻底的普查和比对，为后续房型设计打好基础，也避免因信息有误带来的矛盾，同时还对有潜在矛盾的家庭进行关注和介入。二是注重把握房型设计这一核心。彭一原始房型高达282种，最小的面积仅有7.2平方米，最大的110平方米，房型情况非常复杂。在设计中，街道和设计单位反复沟通，对原始房型进行科学合理的归并，按照单间、两南间、南北间、三室、四室等模式进行设计，保持原房型、面积、房间数量与朝向基本不变，历经近一年的时间、20余稿修改、40余次专题讨论，终于确定了房型设计最优方案。三是始终把握公开透明这一关键。街道和设计单位坚持开门搞设计，在方案设计过程中充分听取居民意见建议，在严格遵守控详和容积率要求的前提下，在不影响房屋结构和同房型居民协商一致情况下，尽可能按照居民意愿进行适当的修改和完善，千方百计为居民增加实际居住面积。同时，安置户数、安置楼号等信息全部对外公开公示，确保旧改工作公平公正。最终的改造方案使租赁房居住面积平均增加约2平方米，产权房增加建筑面积约20平方米，同时还配备了近1 700多个地下车位，新建社区市民健身中心、社区文化活动中心和社区生活服务中心等高端配套设施，极大地提升街道城区及小区品质，让居民有满满的获得感。

(3) 在破解难题上坚持求突破，扩大旧房改造公约数。彭一小区人员情况复杂，有残疾人348户、低保群体103户、重残无业19户、失独家庭12户，另外还有362户产权房，半数以上家庭"人户分离"。与"征收动迁旧改"相比，非成套旧住房拆除重建工作还多了外出过渡、选层选房和回搬等重要环节，这给签约工作带来艰巨考验。街道将该项目签约生效比例设置为租赁房和产权房必须同时达到99%，为下一步向百分百签约目标努力奋进而奠定基础。面对困难和挑战，街道不回避、不退缩，用扎实有效的工作扫除各类签约障碍。一是要找到人。部分居住在外或对改造方案不满意的户主几乎从不在小区露面，他们不开会、不看房、不签约也不接电话。为此，街道通过调取资料、联系单位、邻里询问等多种方式取得他们居住地址和联系方式,安排工作人员上门做工作,有的甚至反复上门十几次,用不厌其烦的群众工作韧劲化解他们的心理防线。二是要找对人。部分居民因安置楼层、房型、过渡奖励标准不及预期而不愿签约。街道一方面从旧改整体受益面出发,同居民讲政策、讲道理,同时注重发挥身边人的作用,千方百计找到突破口,用情感的"情结"化解矛盾的"心结",同时引入陆金弟人民调解工作室等专业机构,用专业工作方法帮居民断"家务事"。三是要帮助人。不少困难群体遇到的实际问题,如高龄老人找不到过渡房源等,都会造成"难签约"。街道整合行政和市场资源,在不突破旧改政策底线的基础上,通过救助、就业等其他渠道帮助居民解决实际困难,对高龄老人找房难问题,协调周边房产中介,排摸房源信息,帮助他们找房看房。通过一系列工作,街道不仅确保实现了项目签约生效,也帮助很多家庭化解了积累多年的矛盾。

(4) 在群众发动上坚持汇民心,持续凝聚旧房改造正能量。城市建设的主体是人民,只要有人民支持和参与,就没有克服不了的困难,就没有越不过去的坎,就没有完成不了的任务。非成套旧住房改造工作不仅是民生工作,更是推动形成社会治理共建共治共享格局的生动实践。街道坚持居民群众的主体地位,在工作中始终引导、发动和依靠群众,切实把成套旧改工程办成民心工程。一是增强宣传的针对性。除了利用电子屏、宣传版面、横幅、微信公众号等手段做好面上政策宣传外,结合旧改各阶段特点和居民的心态变化,有针对性地调整宣传内容,提升宣传效果。街道先后分楼号连续召开 10 场居民动员会,会上由街道主要领导亲自为居民做动员,并与居民进行面对面沟通,既介绍情况,又宣传政策,做好发动,引导居民把握良机,早签约、早生效、早搬场;会上亦会由街道成套办具体介绍彭一小区成套改造的具体方案和细节,让居民群众深知此次成套改造工作的艰难和不易。二是发挥党员的先进性作用。街道党工委叫响"支部建在基地,党员在您身边"的口号,开展网格化党建党员"先锋行动",以党支部为"作战单位",要求小区党员带头签约搬场、带头宣传政策、带头攻关解难，明确责任包干块区。全体党员响应号召、勇当先锋，217户党员家庭和30户街道离退休、在职干部家庭带头在预签约期间率先100%签约，为广大居民群众作出了表率。三是发挥群众的能动性。彭一旧改项目在第一次征询中高达99.18%的同意率，也充分表明群众是推动彭一旧改的中坚力量。街道按签约比例、生效时间设置累进奖励激励机制，充分调动群众做群众工作的主动性和积极性。广大居民群众自觉自愿成为街道旧改办的“编外力量”，义务做起了政策宣传、入户动员、结对劝签等多项工作，尤其是在签约攻坚阶段通过打电话、组队上门、爱心帮困等方式做未签约居民的思想工作，帮助化解了一批难以化解的矛盾，极大地加快了该项目签约生效的速度。

(5) 在工作方法上坚持创新，打造独特的“群众工作八法”。彭浦新村街道率先在全市试点“拆落地”旧住房改造，通过这些年来的扎实工作，积累了相当多的群众工作经验，创新了一套行之有效的非成套改造方法和彭浦新村非成套改造经验。在组织居民开展签约过程中，街道通过“群众工作八法”，与居民齐心共进：一是党员带头法，积极发挥小区党员的先锋模范作用，做好家属思想工作，带头签约；二是邻里劝说法，针对有思想顾虑的居民，利用邻里关系，面对面沟通解决居民的疑虑；三是关键人物突破法，挖掘楼组中具有代表性的人物，及时传达居民想法；四是见缝插针法，由工作人员协同居委会，循环反复上门做居民工作；五是排除干扰法，针对居民的无理要求，及时联系社区民警参与，进行司法协调，法院裁决；六是帮助关心法，针对困难群体无法承担改造过程中的费用，联系相关单位渠道筹措资金，通过民政救助等方式帮助解决经济问题；七是朋友关系法，通过居民友人从侧面做工作，寻找突破口；八是单位联系法。对于个别居民，向其单位领导宣传改造政策，获得领导支持，帮助一起做职工的思想工作。正是有着楼组长、老党员、志愿者和居民骨干等小区居民的无私帮助，“群众工作八法”的创新成功开创了上海旧住房成套改造的新模式。

二、黄浦宝兴里:党建引领旧改工作十法[①]

黄浦区作为上海中心城区的核心区,面临最为繁重的城市更新任务。近年来,黄浦区践行"人民城市人民建,人民城市为人民"理念,积极探索党建引领、法治保障、公众参与、集思广益的城市更新新模式,有序推进中心城区核心区的城市更新,营造平安和谐的宏观大生态与团结和睦的微观小生态,为中国之治上海实践增添了新内涵,为破解超大城市中心城区二级旧里改造提供了新方法。宝兴里隶属黄浦区外滩街道,位于上海中心城区人民广场附近,是新中国成立后上海第一个由居民自发成立的居委会,也是上海黄浦区金陵东路旧改地块[②]的重要组成部分(北侧项目)。

宝兴居民区是一个典型的老旧小区,旧改前有居民 1 833 户、1 136 证,户籍人口 6 430 人,实有人口 4 643 人,主要特点是老年人多、外来人口多、困难人群多、房子旧,辖区内住宅以二级旧里为主,户均居住面积仅 12.6 平方米,不到全市平均水平的 1/7。这些情况影响着群众对美好生活的向往,居民要求改善居住生活条件的呼声十分强烈。2019 年以来,宝兴里一直是上海市委书记李强同志"不忘初心、牢记使命"主题教育联系点。同年 7 月 8 日,李强书记对宝兴里进行了实际走访,对金陵东路北侧地块旧改提出了明确要求。为回应宝兴里居民要求改善生活环境的迫切愿望,2019 年下半年,宝兴里地块正式纳入黄浦旧改征收计划,启动旧改。截至 2020 年 12 月

---

① 中共上海市黄浦区委员会:《新时代党建引领推进宝兴里旧改群众工作"十法"的探索与实践》,https://mp.weixin.qq.com/s/JyRM4biX95VJ3uNyrs2sag。

② 金陵东路北侧旧改项目位于黄浦区外滩街道,东至松下路,南至金陵东路,西至浙江南路,北至宁海东路,涉及 64、67、70、72 四个街坊,包括宝兴和盛泽两个属地居委,涉及居民 2119 证,该地块居住条件差,房屋基本为二级旧式里弄,年代久远,多是 1916 至 1944 年间建成,其中 64 号地块就是宝兴居民区。自 2020 年 1 月 6 日该地块启动首轮征询,截至 2020 年 12 月 25 日,整个项目 2 119 证居民全部完成搬迁,实现了居民 100%自主签约、100%自主搬迁,单位 100%自主签约、100%自主搬迁,创造了上海市大体量旧改项目当年启动、当年收尾、当年交地的新纪录。

25 日，在全区上下协同努力、精细化治理下，宝兴里地块仅用 354 天，就实现了“当年启动、当年收尾、当年交地”，以及居民的“100%自主签约、100%自主搬迁”，创造了全市大体量旧改项目的新纪录，成为新世纪上海旧改高效高质的“典型样板”。主要做法和经验如下：

(1) 深入一线是基本方法。干部到一线下沉、问题在一线发现、资源在一线集结、工作在一线推进，是做好群众工作的基本方法。李强书记 2020 年两次来到宝兴里，亲自调研、亲自部署、亲自推动旧改工作，指出“旧区改造既是民生工程，也是民心工程，更是政治任务”。其他市领导也多次到现场指导旧改工作，不仅协调解决国企搬迁，还与居民面对面谈话促成“困难户”搬迁。区委、区政府主要负责同志带头包户，深入一线、靠前指挥，定期分析推进情况，区分管负责同志几乎每天现场督办，并与被征收居民面对面交流，为宝兴里旧改工作提供了强大支撑力和推动力。街道班子成员划片包干、带头上阵，人均包干 100—300 户，机关干部下沉基地、分片包户，点对点了解居民实际情况，做到人在现场、工作在现场、指挥在现场，全面摸清被征收对象家庭情况、利益诉求、家庭矛盾，对排摸出的重点对象、复杂对象进行全过程情况跟踪和矛盾化解。居民区党总支书记作为旧改项目临时党支部书记，组织居委会、征收事务所等开展党建联建，形成工作合力。正是一级带一级的组织体系，推动了党员干部把旧改工作做实做到位。

(2) 精准排摸是工作基础。在宝兴里旧改中，基层干部发扬工匠精神，征收前开展细致调研，全面摸底、逐一排查，整合各种信息，开展关联分析。一方面，依托“一网统管”摸清底数，对重点户居民的在外住房、家庭收入、孙辈入学、社会关系等，甚至在哪家医院就诊，都一一排查；另一方面，用好传统方法，上门面对面接触，直观了解居民业余爱好、性格脾气、身体状况等。由于信息精准，工作避免了空对空，干部上来就能跟居民对上话。第一轮意愿征询前，居委干部们在“两清”文案上，备注着每一户的各类信息：联系方式，是否人户分离，是否空关，家里哪一个是做决定的人，是不是党员、楼组长，是否有残疾人、低保户、高龄住户等等，这些都是之后明确签约主体、协议内容的基础。为摸清这些信息，基层干部和社工竭尽全力找到户口中所有人的联系方式，并逐一说清楚情况，不厌其烦直面交流，直到诸多问题得到有效解决。

(3) 党员带动是有效途径。宝兴居民区党总支共有党员 114 名，涉及动迁的党员有 72 名。充分发挥党员居民的先锋模范作用，是宝兴里地块实现旧改高效高质的第二个关键。在此次旧改中，宝兴里地块首次在区级层面构建了旧改项目“党建联席会议＋临时党支部”的党建工作组织架构，设立政策咨询小组、矛盾调解小组、问题解决小组等 6 个小组，充分发挥街道社区、职能部门和区域单位党组织的政治和组织优势，专解难题。宝兴里还充分发挥党建联席会议和临时党支部作用，做好党员思想工作，达到签约期内全体党员都完成签约，并发动党员带头做好“编外宣传员”。少数居民仍然抱有过去动迁的老观念老想法，每当这时党员同志就站出来、作解释。宝兴居民区第二党支部书记周永健就是一个生动典型。周家兄弟四人，除大哥外，其余三兄弟的户口都在宝兴里，承租人是周永健的父亲，已经去世。周家平时重传统，讲究长幼有序，一般家庭事都是大哥说了算，旧改征收依然由大哥做主，可一开始兄弟之间无法就内部分配达成一致。排行老三的周永健平时不争不抢，但他清楚自己的党员身份和责任，不管是碰到街道干部还是居委干部，他都主动表态：我自家的矛盾自己解决，不让党和政府操心，一定会在规定日期内把字签掉。随着签约期限越来越近，为了说服家人，他多次召开家庭会议，还写了一封给已经去世的父母的亲笔信，读给兄弟听，最终化干戈为玉帛，在二轮签约期内签了字。在居民对评估价有异议产生思想波动时，周永健自掏腰包把李强书记在外滩街道调研时的讲话打印 400 多份发给居民，有效遏制了一些谣言，澄清了一些模糊认识。

(4) 努力化危为机、危中寻机。新冠肺炎疫情发生后，宝兴里旧改不仅没有停，而是以“危中寻机法”推进旧改“加速度”。有的居民平时见不到、约不到，但疫情防控期间居民行踪相对固定，基层干部就在做好防护的前提下主动上门。比如，宝兴里最后一户签约的住户平时长期出差在外，疫情发生后只能在家，居民区党总支及时上门做思想工作，并送上关怀帮助，最终顺利签约。疫情防控期间，居民区也探索“线下不碰面、线上面对面”的方式，通过电话、微信、视频等线上方式加强与被征收居民沟通联系，实现“为民服务永远在线”；设置独立接待室，专人驻守、错峰受理，确保征收不断档。疫情防控期间各小区全面加强管控，居民搬家时，有的迁入地小区不让进，居民区党总支主动与当地物业、居委会联络，办理各种出行证照、垫付搬家费，协调搬场公司做好“一对一”服务；同时，党总支用好区域化党建平台，发挥成员单位所长，配“人”捐“物”，全面助力社区疫情防控，比如区域化党建单位上海凌锐建设发展有限公司，主动协助行动困难的居民打包行李，陪同办理水电煤等手续，恒源祥集团也向社区居民提供大量打包纸箱。

(5) 平等交流，讲好“群众的话”。群众不仅是旧改的受益者，也是城市更新的贡献者。居民群众是善良的、淳朴的，是相信党和政府的，即便提出诉求，也还是盼望动迁、盼望美好生活，不愿意签约一定是有切实困难，尤其是老城厢居民矛盾相当复杂，每个家庭背后都是一本难念的经。要做好群众工作，必须既讲征收动迁政策的“普通话”，又讲居民容易听、听得进的“上海话”；既算好居民家庭的“经济账”，又算好他们的“亲情账”“人情账”。街道和居民区、征收事务所在政策宣传中，“反其道行之”地总结 8 句谣言公之于众（如闹一闹总归有好处，他们最后会让步的；就做最后的钉子户，听说钉子户最后都发财了等），通过用老百姓听得懂的话来解释政策、破除谣言。一位 102 岁的张阿婆怕离了故土生活不适应，6 个子女的利益分配也是个难题。为此，机关和居委干部一次次上门，自掏腰包买水果，与张阿婆一家人拉家常、套近乎，设身处地分析利弊，并建议张家先拿征收补偿款就近解决张阿婆的住房问题，还帮助他们就近寻找合适的房源，最终一一化解了他们的心结。

(6) 锲而不舍,做到循序渐进。做动迁居民的思想工作,最忌急躁,必须稳中有进、把握节奏,因时因情因势该快则快、该慢则慢。在此次旧改中,有时候与居民的谈话陷入僵局,基层干部就及时转向居民的身边人,通过身边人再做工作,局面就打开了。有时候几户居民互相抱团,工作就从最容易突破的一户入手,先解决这户居民的问题,再请他做其他居民的工作,工作对象一下变成了工作力量。比如,最后一户搬迁的居民是一名个体户,他早年离异,女儿也早已出嫁,长期独居生活导致其不善言辞。面对这样一位居民,基层干部坚持用好"循序渐进法",先后联系他的女儿、女婿,甚至找到他的前妻,向他们解释征收政策,劝说他们出面做这位居民的工作,打开他的心结。在家人劝说下,这位居民说出了他的想法。区建管委、旧改办负责同志了解其诉求与补偿方案有一定差距时,亲自出面与其进行"下沉式"交流,同时扩大排摸范围,找到说得上话的老邻居亲自出面、现身说法,劝说这位居民接受征收补偿方案,最终顺利搬迁。

(7) 发扬"牛皮糖""钉钉子"精神。街道党工委充分发挥居委干部"进百家门、知百家情、了百家忧、解百家难"的群众工作优势,采取难与易统筹推进的工作做法,一开始就瞄准重点户,不断登门讲道理、做工作,不厌其烦地对话,就像是"汤圆锅里下糯米,不是你黏着我、就是我黏着你"。比如,有一位征收对象家住松江,心里有气,不愿意与征收所的人打照面。为了解开这个疙瘩,工作人员先后十多次前往松江区,居民不让进门,就在门外耐心等候。逐渐时间长了,居民打开铁门,隔着纱门聊几句;再后来,终于打开大门,让居民区社工和征收工作人员进屋谈,最后打开心结,如期签约。又如,一位91岁的承租人阿婆的户口和居住地均在浦东,征收前期家庭矛盾很大,其儿子态度坚决、拒不配合。随着签约奖期一天天临近,为确保居民在征收中不受损失,工作人员来回奔波于浦东和黄浦,不断登门反复劝说,耐心解释政策,面对居民的不理解,还专门请律师为他们答疑解惑。最终,这户人家踩上了酝酿签约期的节点,完成了签约。

(8) 坚持换位思考、将心比心化矛盾。旧改征收，征的是房，收的是心。居民为了利益最大化有抱怨声甚至骂声并不可怕，说明他想要倾诉也敢倾诉。而在沟通中，工作人员也难免说错话，因此主动认错道歉也是群众工作方法，要敢于在群众面前低头。比如，一户住金陵东路的家庭情况并不复杂，家里也没有特殊困难，就是主观不想离开中心城区，拒绝接触，经办人上门送材料时也直接吃了“闭门羹”，在一轮投票前一度陷入僵局。情急之下，经办人找到户主儿子的住处。这一举动激怒了户主，加深了户主和经办人之间的矛盾。直到距一轮意愿征询投票截止还剩几小时的时候，户主终于现身：“我不是不愿意投票，但我对你们屡次上门的方式很不满，尤其是征收所的人直接找到我儿子家，严重影响了我家人正常的生活。看在街道和居委的面子上，我可以投票，但我要求征收所的人给我赔礼道歉。”对此，居委会和征收所及时进行了沟通，大家感到户主之所以这样，还是由于之前与经办人之间“话赶话”造成的。本着实事求是的原则，工作人员陪着经办人一起向户主当面道歉，并承诺在今后工作中会作出改进，最终取得了户主的谅解。

(9) 要打好民生保障“组合拳”。旧改征收是为了让居民早日享有品质生活，不能因为旧改就让群众的生活质量下降。居民能把困难讲出来，就是对党和政府的信任，解决群众的操心事、烦心事、揪心事本来就是党和政府的分内事，应该尽力而为帮助解决好，这样就有了做工作的突破口。过程中社工们感慨道：“这很可能是居委干部最后一次为这些曾经朝夕相处的居民们服务了，该给居民的一定要给到他们，他们想不到的，我们也要想在前头。”面对居民群众提出的实际困难，街道主动跨前一步与区人大、区政协、区旧改办以及派出所、市场监管所、城管中队、征收所等相关职能部门进行协调，动员各方力量，共同破解旧改征收中的难题，精准开展服务保障，打好民生实事“组合拳”。针对宝兴里居民家庭情况复杂、诉求多样的情况，街道先后召开 51 次座谈会，精准对接居民需求，寻求最大“公约数”；针对特殊困难群体希望留在中心城区、享受就餐就医等生活便利的愿望,代为寻找房源信息,供老人、大病患者选择;针对宝兴里老龄化程度较高的情况,旧改期间仍持续推进养老健康服务模式。面对不少居民提出的搬迁后创业、就业等共性问题,区人保局专门出台《助力旧区改造倾力做好安置对象就业创业服务的操作口径》,加强培训、推荐岗位,受到居民一致好评。

(10) 经常联系,让党员"离开不离心"。随着旧改居民搬离,宝兴里遇到了党员人户分离新情况,这些党员有着深厚的"故土情结",担心搬离后找不到组织或融入不进新的组织。为此,街道用好"十法"中的"经常联系法",探索建立人户分离党员教育管理制度,按照"分手不撒手,党员管理不缺位;离开不离心,党员教育不断线;联系不断档,党员服务不打烊"的工作思路,努力实现人户分离党员有效管理、群众服务切实到位。在教育上,街道变"等上门"为"走下去",开展"2+X""回娘家日"特色活动:"2"是指将 7 月 1 日党的生日作为"初心日",将 12 月 10 日宝兴里居民福利会成立的日子作为"使命日",而"X"是指让人户分离党员随时能回到居民区参加活动、接受服务,让党员常回娘家感受党组织的关心和温暖。2021 年"七一"前,居民区党总支专门组织搬离党员回来参加主题党日,场面十分感人。在管理上,实践一人一张表、一月一联系、半年一回访"三个一"工作法,给人户分离党员本人发一封信、一张联系服务卡、一张意见征求表。同时,党总支主动与人户分离党员所在地党组织联建,帮助他们尽快融入社区、融入居住地党组织。在服务上,党总支落实"三必访、三必到":党员生病住院、思想有波动、家庭发生重大变故必访,党组织有重大活动必邀请到、社区有重要安排事件必通报到、重要节日节点(个人入党日)必关心到。

三、新天地:企业市场化运作下石库门里弄的整旧如旧

上海新天地地处上海中心城区黄浦区,由黄陂南路、自忠路、马当路、太仓路围合而成的南北两个街坊构成,占地面积 3 万平方米,建筑面积达 6 万

平方米。新天地是20世纪90年代大拆大建粗放式旧区改造开发背景下，上海卢湾区在实施太平桥棚户区旧改项目过程中①，践行“整旧如旧”“翻新创新”的理念，采取政企合作的方式，历经二十多年对石库门历史建筑群落不断活化升级改造而成的一个典型代表，在上海旧区改造和城市更新发展史上极具开创性和划时代意义。目前，新天地是上海最有创造力、最富活力的一个多功能（商业、文化、消费、娱乐、创意等）、世界级公众会客厅和公共活动聚集地，也是上海城市发展的一座新文化地标和一张历久弥新的城市名片。

新天地所在的太平桥地区是伴随着上海中心城区长期的拓展集聚而形成的一块老旧居民区，住房主要以建成于20世纪初的石库门为主，因房龄年代久远，人口拥挤，缺乏维护，大部分房屋亟待重建。随着20世纪90年代上海城市大规模建设的启动，尤其是地铁一号线卢湾段的建设，给城市形态变化、产业升级、居民生活方式变革带来新的机遇，该地低劣的房屋质量和居住条件难以适应中心城区现代商业发展的需要。于是，从1996年开始，瑞安集团与卢湾区政府签署了《沪港合作改造上海市卢湾区太平桥地区意向书》，协议出让土地使用权，由瑞安集团主要承担再开发任务，通过土地分块批租获得太平桥地区全部52公顷土地的“优先开发权”，采用“市场运作、政企合作”方式促进该区域的城市更新，确立了“整体规划、成片改造、分期开发、总体平衡”的开发原则，开启太平桥项目的改造建设。②其中，新天地则是太平桥旧改区域中进行提前改造的109号、112号两个地块，在面积

① 从旧区改造的区域空间关系上看，目前所谓的新天地实际上是属于当时整个太平桥旧改地块（规划范围：东临西藏南路，南至合肥路，西临马当路，北抵兴安路、崇德路，占地52公顷，总建筑面积130万平方米，共有19幅土地组成）的109号、112号两个地块，也是石库门集中分布的地方。在太平桥地区规划中，109、112街坊被界定为历史保护区，其中有著名的全国重点文物保护单位“中共一大会址”。两街坊在更新改造前居住有1 950户居民，街坊内空间布局、建筑风格反映出较为典型的里弄住宅建筑风情与传统的居住生活气息。

② CURF丁丁整理：《上海新天地：世界级复合功能都心区》，https://mp.weixin.qq.com/s/pW5ZqNg82UEB7vhfkmZiYw。

不到2公顷的地块上密布着约3万平方米的石库门建筑。自改造之日起，双方按照“到21世纪不落后”的超前目标为引领，不断适应中心城区功能开发和提升能级的需要，创新旧区改造方式，连续进行20多年的持续性升级改造，直至把太平桥地区改造为一个形成集商业、办公、文化娱乐、居住等功能为一体的现代化商住综合区，而把新天地打造成上海一个石库门建筑活化利用的典范、世界级多功能会客厅和城市商业文化新地标。总体来看，新天地成功的旧区改造亮点或经验主要体现在以下几个方面：

(1) 实施创新性、综合性规划设计，构筑多功能城市经济新高地。改变土地使用功能和使用性质，由居住用途转变为商业用途，充分挖掘街区特有的历史文化内涵及其可能衍生的旅游、休闲、文化娱乐等商业价值，实现街区功能置换性改造；对居民进行拆迁，全部实行异地安置，将房屋腾空，按规划设计进行更新改造；通过保留建筑外观和外部环境，以保护历史街区的风貌（包括建筑的风格、街区的尺度等），有机地延续中共一大会址周边的历史文脉；对建筑外部环境进行必要的调整，增设绿地、小广场等公共活动场所；对街区交通空间进行梳理，将其改建成富有人情味、现代与历史有机融合的步行商业娱乐街区。

(2) 尽可能保留原建筑的外貌（包括外墙的形态、色彩、材质、肌理），保留建筑外观，保持历史街区特有的历史文化韵味，延续传统街区的历史风貌。在改造过程中，对保留建筑进行必要的维护、修缮、结构加固措施，对重建的建筑，外墙尽可能予以保留，以保持原有的建筑风格和街区景观。更新后的新天地历史街区，传统里弄空间尺度依然如故。

(3) 对保留的建筑物，在保留其建筑外观的同时，对内部设施（包括建筑结构体系）进行全面更新，运用新的建筑材料、适应新的使用功能、营造新的商业气氛。在建筑的室内，充分结合石库门里弄建筑本身的特色，根据新的使用功能进行设施和环境的配置，突出中西合璧、传统和现代有机结合的特色，比如对天井的创造性再利用、新的室内生活形态的再创造。

(4) 对于新建建筑,在不影响重点历史建筑的保护的前提下,不走传统的"仿古""复古""模仿"的老路,打破传统思维定势,鼓励创新,大胆采取现代主义、甚至后现代主义的设计思路,强调对比,在对比中融合、在对比中统一,突出"昨天、明天,相会在今天,相会在'新天地'"的主题,新、旧建筑风格有机地融会在一起。

四、田子坊:工业遗产和石库门里弄自下而上的"软改造"

泰康路200号—210弄田子坊原名志成坊,1999年改为现名。自1998年陈逸飞先生率先在此开办工作室以后,田子坊引来一批著名艺术家和工艺品商店先后入驻,并形成一定规模,向泰康路248弄天成里、泰康路274弄平原坊、建国西路155弄建国坊扩展。2008年,为进一步加大政府的引导,卢湾区政府正式成立田子坊管理委员会,由副区长任组长,房管局、街道分管负责人任副组长,成员单位包括房管局、街道办事处、发改委、旅游局等相关部门,现场设置田子坊物业管理处,由区房管局派驻专人负责,聘请专业物业企业进行整体的保安保洁。管委会主要负责商业业态的完善和调整、商家和居民关系的协调处理、安全等日常管理,历史建筑保护利用保持市场化运作方式。

田子坊作为一种新的历史建筑保护利用模式,特别是在成立管委会以来,呈现出以下几个方面的特征:

(1) 租赁置换——保护利用新模式的探索。田子坊以市场化租赁的方式,居民达成协议,合伙出租,改变原"七十二家房客"的居住状态,逐步实现居民的搬迁和房屋的重新利用,走出了一条"租赁置换"的新模式。

(2) 房屋改性——有证有照管理的突破。田子坊属于居住用房,这使初期进驻的商业大部分处于无证无照的状态,造成了管理上的诸多不顺。对此,在市房管局公房办等相关部门的支持下,田子坊以公有住房批准临时居改非的方式,实现了从无证无照到有证有照的管理。田子坊具体先由规划部门调整改地区的控制性详细规划,将划定范围内土地使用性质整体更改为综合用途,公房承租人凭租赁凭证和出租合同,向区房管局提出临时居改非申请,合同期满后恢复原有居住用途,经区房管局审批同意临时居改非后商家可办理工商营业执照等,在此基础上加大税收落地的工作力度,过程中无需补缴土地出让金,公房所有人也不收取协议租金。

(3) 业态管理——整体品质提升的保障。为避免田子坊沦为小商品市场,业态的完善、调整和管理成为田子坊管委会一项重要的工作。具体的业态由区发改委进行指导把关,编制业态规划,提出引入业态战略,分禁止、限制、鼓励三类进行管理,同时避免相同业态过于重复和集中,逐步实现业态的完善和提升。现场物业管理处实施严格监管,防止商家季节性业态的变更等情况出现。

(4) 市场环境——政府服务工作的重心。改造过程以市场化操作方式为主,政府不直接参与市场运作,而以整体市场环境的提升为工作重心。鉴于现田子坊处于商家与居民共处的状态,物业管理处作为政府现场管理服务部门,除业态管理外,还主要开展了多项工作:在安全方面,包括房屋结构安全和消防安全等,实施老化电线电表箱更换、消防喷淋入房等工作;在物业服务方面,由政府财政出资聘请专业物业企业保安保洁,进行现场秩序维护、商铺关门之后用电和防盗等安全隐患的排查、房屋安全隐患的发现;在商家和居民的和谐相处方面,在矛盾处理中对于愿意出租的,搭建平台促进租换,对于不愿意出租的,通过旧住房综合改造等方式,以近 1 000 万年投入改善居住环境,同时现场设置调解室现场接待、化解日常矛盾。

(5) 城市名片——保护利用打造的目标。区政府明确田子坊的运作主要以“城市名片”打造为主,较少考虑该项目的经济回报。田子坊租换以市场化模式进行运作,为居民与商家的民事合同关系,政府搭建平台,政府部门和公有住房产权人不直接参与操作,也没有直接的经济利益关系。现田子坊整体的税收约在 1 000 万/年,逐步接近政府每年投入的改造费用。对现场物业管理处的考核也以业态的调整、矛盾的调解、品牌的提升为主要内容。

现田子坊已经成为上海市的一张城市名片，世博会期间就有80多位副总理级以上外宾来此参观。同时，田子坊也加大了文化创意产业扶持基金对商家的支持，与旅游、创意相结合，并因而获得“上海最具影响力的十大创意产业集聚区”“中国最佳创意产业园区”“上海工业旅游年票”“国家AAA级旅游景点”等荣誉。

五、建业里：成片石库门里弄的“保护性功能再造”

建业里地处徐汇区衡山路—复兴西路历史文化风貌区内，位于建国西路以北、岳阳路以西，占地约1.8万平方米，建于1930年，由法商中国建业地产公司投资，因开发商而命名，故称建业里。建业里分为440弄(东弄)、450弄(中弄)、496弄(西弄)三部分，前后共有22排连体石库门建筑260套，红砖坡顶，均为二、三层砖木结构，具有清水红砖、马头风火墙、半圆拱券门洞等建筑要素，是上海保存下来的最大规模石库门里弄建筑群落，同时也是上海市第二批优秀历史建筑。

1955年10月5日，上海市人民政府房地产局全盘接收了建业里，建业里成为公房公产。之后由于住户和人口不断增加，建业里住房多户共住，“七十二家房客”现象日益严重。到20世纪80年代时，260个单元内住进了831户，人口约3 000多人。再加上房屋内无卫生设备，其使用现状、使用功能已不适应现有房屋居住标准，加之全里弄内年久失修，搭建、拆改和结构破坏，内部部分木结构已开裂霉烂，房屋状况迅速恶化，处于超负荷使用状态，至20世纪90年代已经到了难以承受的地步。2003年，建业里被列为上海市保护整治试点项目之一。2008年，为响应绝大多数居民改善居住的呼吁，并防止对石库门建筑群造成进一步破坏，建业里改造项目正式启动，从260套房屋内共迁出1 093户居民，经过十几年的保护性改造，2017年以奢华精品酒店——嘉佩乐酒店及服务公寓的形貌问世,成为一座全别墅设计的石库门风格酒店。它由55栋别墅式客房、40套服务式公寓以及5 000平方米沿街商业组成,地上约2.3万平方米,地下约1.97万平方米,于2017年9月正式对外营业,产权均归国有。[①]至此,建业里成为上海旧区改造和城市更新的又一个明星项目,实现了保护与开发、风貌与功能之间的平衡,既保留了城市肌理,又赋予了现代功能,探索了一条成片历史保护建筑的市场化可持续发展之路。建业里的主要经验如下:

(1) 传承石库门建筑文化成为首要原则。上海在20世纪90年代全面提速推进的"旧改"进程中,在历史建筑保护方面出现了不少新问题。进入21世纪以来,2003年上海开始制定施行《上海市历史文化风貌区和优秀历史建筑保护条例》,全面加大历史文化风貌的保护,在中心城区、浦东新区和郊区共划定了44片历史文化风貌区,其中占地规模最大的衡山-复兴历史文化风貌区保存状况良好,成为海派文化街区风情的体验区。[②]建业里作为全市最大的石库门建筑群,是衡山-复兴历史文化风貌区的重要组成部分,因此保护好历史建筑风貌、传承石库门文化精髓,就成为建业里改造必须遵循的首要原则。为此,项目组邀请专业保护设计团队耗时近2年,从城建档案馆等处搜集相关历史文件图纸资料,并整理汇编成册,并按照以现状测绘为主、结合历史考证作为设计依据,在综合考虑功能和空间完整性的前提下,深化、优化设计方案。设计过程中,项目组多次召开专家论证会,围绕保护要求深化设计方案。为了确保方案的有效落地,在改造过程中,项目组对诸如砖块、屋顶的瓦片、木材等原始建材,都进行了认真检测分析,对可以再加利用的原始建材进行分类搜集及保存。在实际改造中,项目组完整保留

① 徐成龙:《修建改造十五载,建业里之于上海的最终意义是什么?》,https://mp.weixin.qq.com/s/yoRHy2br_i5ZQ0YXEIK5EQ。

② 张松:《城市生活遗产保护传承机制建设的理念及路径——上海历史风貌保护实践的经验与挑战》,载《城市规划学刊》2021年第6期,第100—108页。

了原有的西弄石库门建筑，对东弄与中弄按 1930 年设计图纸进行了重新复建，实施过程中尽力保留了天井、老虎窗、马头山墙、清水红砖、半圆拱券门洞等经典石库门建筑元素，使得石库门里弄的风貌特征、空间格局、尺度、石库门外立面以及原有的建材风格并未发生改变。最引人注目的是在中、西弄交界处，原本居民取水用的水塔被改建成了工业风格的眺望台，被用作照明和信号服务设施。

（2）在承袭原有居住功能基础上实行城市功能重塑再造。保留原有功能或开拓新功能，往往是旧区改造遵循的主要路径。在改造之初，建业里确立了“承袭原有功能业态、探索一条可持续发展的成片历史建筑保护利用的市场化模式”的原则。因此，2002 年，徐房集团专门组建了波特曼建业里房地产公司，从事改造项目。2013 年，徐房集团下属上海衡复投资发展有限公司作为建设单位与国际知名酒店运营方“嘉佩乐集团”合作，对建业里进行改建，部分承袭了原有功能，以居住为主，商铺为辅，恢复了最初“外铺内里”的历史格局，部分面向高档商业化进行拆除改建，适当调整内部功能，整体打造以酒店、服务式公寓及商业办公为一体的历史建筑综合体。改建后的建业里是新加坡嘉佩乐酒店集团管理的别墅型高级酒店，从居民居住功能转为酒店商业功能，成为以石库门特色酒店为核心体验，集石库门文化体验、特色居住、精致餐饮、精品商业等多功能于一体的上海成片历史建筑保护利用标杆性项目，既体现标志性特色，兼具历史保护与功能提升，促进区域内商旅文联动，成为展示海派文化的窗口和载体。

第二节　城市更新经典案例

一、8 号桥：老旧厂房向时尚创意园区的华丽蝶变

8 号桥占地面积 7 000 多平方米，总建筑面积 12 000 平方米，曾是旧属

法租界的一片旧厂房,解放后成为上海汽车制动器厂旧工业厂房,2003 年经过新的设计改造后注入时尚、创意的元素,成为了沪上时尚创意园区之一,有不少设计公司、创意团队入驻于此。8 号桥的改建工程只花了约半年时间,时尚生活中心独特的、富于创新的理念把老旧的厂房改头换面。其改造工程包括在旧建筑中注入新元素,新旧结合的创造,增加室外、半室外空间,提供更多自由及交流空间等等。

8 号桥的创意改造是政府让权、开发商运作下的创意地产,主要围绕以下几点进行:一是保持旧式工厂的整体风貌,内部全班换新,把工厂的一部分墙壁和屋顶撤去,露出用玻璃和铁做成的新的部分,这样使新旧形成了强烈对比;二是建造丰富多样的外部空间,外部和内部空间复杂地混合在一起,制作半外部空间,创造外部沟通条件;三是整块用地分割成几部分建造,然后用几座桥把建筑物进行衔接与联系;四是坚持定位、不降低门槛、按产业链上下游招商,对入驻商家进行严格挑选,以符合园区主题,同时打造"线上 8 号桥"进行产业集聚。该项目吸引了众多创意类、艺术类及时尚类的企业入驻,包括海内外知名建筑设计、服装设计、影视制作、画廊、广告、公关、媒体、顶级餐饮等公司,如设计金茂大厦的 S.O.M 建筑设计事务所、设计新上海国际大厦的 B+H、英国著名设计师事务所 ALSOP、法国 F-emotion 公关公司等。目前,8 号桥入驻率保持在 90%以上。

另外,作为经典城市更新案例,8 号桥的主要特色还包括:

(1) 桥。8 号桥尊重旧厂房较为科学的空间划分,保留了原有的 8 栋单体厂房,并分别标上了楼号。这些单元错落有致地分布在园区内,由形态各异的取义于"桥"的建筑空间联结为一个整体。整个园区一共有 4 座桥,每座桥的造型均不同,其中极富工业感的铁桥是在厂房原来的设施上扩展的,另一座有着绿色"门"字造型的天桥,是一个放大版 8 号桥的视觉标志,非常现代。

(2) 外墙。极富特色的外墙最能体现建筑上新旧结合的设计思路。与泰康路或苏州河本身就富有特色的建筑不同，建国中路上的原上海汽车制动器厂非常普通，因此对于旧的元素不能仅仅采用保留的方式，还应该进行更深入的发掘。设计师摒弃了原厂房的白粉涂墙，将从旧房子上拆下来的青砖重新组合，并进行一番艺术处理，以凹凸相间的砌造方式突现了墙面的纹理。例如，设计师在沿街1号楼的墙面增加了不锈钢及反光玻璃贴面，夜晚的时候，整个墙面熠熠生辉，很有现代感。2号桥的立面原来是联排的窗口，设计师把它做成窗的错落排列，并配以大块面的玻璃。7号楼是网状打孔的装饰立面，整个形象显得时尚大气。

(3) 公共区域。在8号桥，除1号楼大厅外的所有室外、半室外空间都可供租户免费使用。这些环境可以添设咖啡茶座、进行作品展示、举办时装走秀等大型综合活动，是人们最好的交流平台。而由三个错落的空间中的平台组成的1号楼大厅，可以依照需要分别用作演讲区、表演区或者贵宾区，功能上的设计非常周到。敞开式的办公环境让人可以随时推门进入，看看他们在做什么。“交流”是开发者在为设计公司提供硬件条件时必须考虑的一个因素。这样的工作环境确实对设计师的入驻产生了很大的吸引力，很多设计公司放弃原来的写字楼而选择8号桥，就是因为这里能够“提供交流的平台”，“有一个创意产业的整体氛围，这里的公司之间就会有很多的合作”。

二、外滩源：公私合作对成片老大楼实现“重现风貌、重塑功能”

“外滩源”位于黄浦江和苏州河的交汇处，属于外滩历史文化风貌保护区范围，东起中山东一路，西至四川中路，南抵滇池路，北临苏州河，用地面积13.8万平方米。独特的地理位置、深厚的历史人文底蕴，使其成为名符其实的外滩的源头，成为外滩这个上海“皇冠”上的一颗“明珠”。在过去很长一段时间内，外滩源地区乱搭建现象比较普遍，保护管理不够有力，新建筑开发缺少严格的规划控制，区域环境和历史文化风貌受到了一定程度的破坏，区域功能未得到有效的提升和发挥。

2001 年 8 月,黄浦区以保护历史文化风貌的使命感和对上海城市文脉负责的社会责任感,开始着手调研该地区的历史和现状,聘请有关专家主持项目的概念设计。2002 年,上海新黄浦(集团)有限责任公司提出“外滩源项目概念方案”,并担任总体开发商。是年 6 月 7 日,该项目全面启动,时任上海市副市长韩正要求以“重现风貌,重塑功能”为开发指导原则,在保护中开发,在开发中保护,坚持公开性、公益性、开放性,充分发掘历史建筑潜在人文价值,恢复和保留街区古典风貌,并通过功能重整及设施更新,适应现代城市功能的需求。根据规划设计,该项目规划总建筑面积 36.3 万平方米,开发改造为集合商业、酒店、办公、公寓、文化娱乐、旅游休闲、大型绿地等功能的历史街区。2003 年 12 月,上海市人民政府发布《关于同意本市历史文化风貌区内街区和建筑保护整治试点意见的通知》(沪府办〔2003〕70 号),外滩源成为上海风貌保护试点项目之一。

目前已付诸实施的外滩源一期项目,东起中山东一路,西至虎丘路,南到北京东路、滇池路(局部),北抵苏州河,占地面积 9.7 万平方米,规划建筑面积 18.21 万平方米。该项目由 3 家企业分别获得土地使用权,实施自主开发:总体发展商新黄浦集团投资开发圆明园路以东地块,包括修缮原英国领事馆及领事官邸、新天安堂及教会公寓、划船俱乐部、益丰大楼(项目名“益丰·外滩源”)等 6 幢历史保护保留建筑,新建公共绿地、地下空间、亲水平台等,合计占地面积 29 134 平方米,建筑面积 49 435 平方米,公共绿地面积 21 000 平方米;上海洛克菲勒集团外滩源综合开发公司投资开发黄浦区 174 号街坊(圆明园路—南苏州路—虎丘路—北京东路围合),项目名“洛克·外滩源”,占地面积 16 880 平方米,总建筑面积 115 000 平方米,修缮光陆大楼、真光大楼、广学大楼、兰心大楼、女青年会大楼、安培大楼、亚洲文会大楼、中实大楼、圆明园公寓、协进大楼等 10 幢上海市优秀历史建筑,新建 5 幢建筑,组合成集合商业、办公、文化、酒店、酒店式公寓与公共广场等功能的综合性功能区;上海外滩半岛酒店有限公司投资建造并经营上海半岛酒店,由地面新建 2 幢塔楼(分别为 15 层酒店和 14 层酒店式公寓)、3 层商业裙房和地下空间组成,占地面积 14 070 平方米,总建筑面积 92 520 平方米,目前是半岛酒店集团的全球旗舰店。

通过对历史建筑的修缮,对街区功能的重整,外滩源项目(一期)彻底改变了积存数十年的"脏乱破危"现象,恢复了历史建筑原有的外立面,加固了内部结构,还原了绿荫草地,营造出宁静有序的人文景观,提升了环境品质,为进一步重塑街区功能、提升商业活力,奠定了坚实基础。总体而言,该项目在三个方面进行了探索、取得了经验:一是探索了综合保护利用模式。在整体保护利用的过程中,开发和保护利用相结合,在保护整体风貌的基础上,有条件进行新建,以增加建筑面积。二是探索了司法强制手段。在保护建筑的居民搬迁方面,统一启动并与居民签订解除公有住房租赁关系,按照动迁的政策进行配套房源实物安置或货币补偿。针对试点项目,上海市高级人民法院专门对公有住房解除租赁关系进行了司法解释,依此对少数不能达成搬迁协议的居民提出司法诉讼,可解除公有住房租赁关系,并申请司法强制执行。三是引入了外资品牌资源。外滩源一期的主要部分洛克外滩源项目,通过成立合资企业,将房地产权转让给合资企业进行具体运作,一方面引入外资解决部分资金问题,另一方面引入较好的品牌。

2018 年,黄浦区又启动了外滩"第二立面"(即黄浦江临江建筑背后的老大楼)城市更新项目。时至今日,该项目已为 177 幢老大楼建立了"一楼一档",有序推进了"外滩中央"、老市府大楼、外滩源二期等首批"第二立面"更新项目,其中,由中央商场、美伦大楼、华侨大楼和新康大楼四栋历史建筑组成的"外滩中央"项目,建成了一个 4 000 平方米、镶嵌着近 12 000 盏炫彩 LED 灯的最美玻璃穹顶,于 2021 年 7 月 19 日晚上点亮彩灯,与游客见面,成为一道靓丽的风景线,也成为第二立面城市更新的新地标。预计到 2030 年,黄浦区位于第二立面的 141 幢老建筑将完成更新改造,进一步加快外滩区域城市更新步伐,打开一片全新的城市空间。

三、杨浦滨江百年工业遗存:从“工业锈带”转向“生活秀带”

上海杨浦区是中国近代工业文明的发源地,曾诞生了中国第一家自来水厂、发电厂、煤气厂等中国民族工业的13个“第一”。在杨浦区,全部15.5公里的杨浦滨江岸线被誉为“中国近代工业文明长廊”,其工业产值曾一度占到上海的四分之一,产业工人超60万人,见证了百年来上海工业乃至我国近代工业的发展历程。但到了20世纪90年代,伴随着上海城市功能的调整,传统工业被逐步淘汰,作为上海重要的老工业基地,杨浦进入了转型阵痛期,工厂关停并转,曾经的工业辉煌变成了斑斑遗迹。[①]到2010年后,沿江企业中船舶、化工、机电、纺织、轻工、市政等门类的大中型企业约100余家,除杨树浦水厂等例外,大多产能下降甚至停产,滨江地区环境破败,随处可见高耸的围墙、布满锈迹的金属大门、废弃的输煤廊道以及码头上静静竖立的系缆桩、粗犷的防汛墙,工业厂区之间相互封闭隔离。尽管当地居民区离滨江有一两百米的距离,但这些工厂几乎阻挡了居民到达滨江江岸的可能性。与上海外滩“万国建筑博览”形成鲜明对比的这一老旧工业地带,逐渐与上海城市发展进程、人民生活需要脱节,亟需转型升级。如何充分利用工业遗存,既延续其文化特质,又赋予它们新的活力,是全球城市滨江更新发展面临的共同议题,也是杨浦滨江传统工业遗存何去何从的时代课题。

2002年,上海启动黄浦江两岸综合开发,并将其上升为全市重大战略,杨浦滨江是上海黄浦江两岸综合开发的重要组成部分。2013年,上海正式启动杨浦滨江地区整体收储和综合开发。2015年,为了整体推动黄浦江沿岸环境,上海出台《黄浦江两岸地区公共空间建设三年行动计划(2015年—2017年)》,计划用3年时间实现从徐浦大桥至杨浦大桥之间核心段滨江公共空间的基本贯通。2018年,上海市规划资源局发布《黄浦江、苏州河沿岸

---

① 佚名:《“工业锈带”转型“生活秀带”——上海杨浦滨江工业带更新改造纪实》,载《经济日报》2021年3月28日。

地区建设规划》，提出打造“一江一河”世界级滨水区和城市会客厅，杨浦滨江也被赋予了新的历史使命。以此为契机，杨浦区政府开始大刀阔斧地改革创新城市更新体制机制，全面推动杨浦滨江 15.5 公里岸线工业遗存的活化利用与更新改造。经过几年的更新改造，如今的杨浦滨江岸线已经成为“跑友们”沿着红色跑道奔跑的健身场，成为孩子们踩着滑板车玩耍的游乐园，也成为一些在线新经济头部企业的集聚地。这里已经从以工厂仓库为主的生产岸线，转型为以公园绿地为主的生活岸线、生态岸线、景观岸线，昔日的“工业锈带”变成了为服务于市民休闲健身、观光旅游的公共空间和“生活秀带”。“十三五”期间，杨浦滨江先后完成毛麻仓库、烟草仓库、明华糖仓、上海制皂厂等历史建筑的修缮改造，总面积近 5 万平方米，并在原祥泰木行旧址上建成杨浦滨江人民城市建设规划展示馆。通过实施有限介入、低冲击开发，充分利用工业遗存，此次改造将滨江沿线工业遗存改造成旱冰场、咖啡馆、休闲运动码头、工业遗址公园、工业风公厕等，提升杨浦滨江的功能配套，推动“工业锈带”变成“生活秀带”，进一步提升了“工业遗存博览带、原生景观体验带、三道交织活力带”的“三带”融合，真正为市民呈现出一个国际一流的滨水空间。截至 2019 年 9 月底，杨浦滨江南段 5.5 公里公共空间全线贯通，“世界仅存最大的滨江工业带”重新焕发光彩；同年 11 月，在第二届进博会期间，习近平总书记对杨浦滨江更新和城市公共空间建设进行调研，并提出了“人民城市人民建、人民城市为人民”的“人民城市”理念，杨浦滨江案例也得到了全国人民的高度关注。2019 年底，在被誉为建筑界“奥斯卡”的世界建筑节上，上海杨浦滨江公共空间示范段入围决赛，获得“城市景观类别奖”，并最终摘得“年度景观大奖”。

综观杨浦滨江工业遗存的城市更新实践，其成功的经验主要有以下四个方面：

（1）树立“传承工业文明”为核心理念。在对杨浦滨江百年工业遗存的保护利用上，为更好落实习近平总书记“像对待老人一样尊重和善待城市中的老建筑,保留城市历史文化记忆,让人们记得住历史、记得住乡愁"的重要指示,杨浦滨江确立了"以工业传承为核"的设计理念,按照"重现风貌、重塑功能、重赋价值"的原则,通过实施有限介入、低冲击开发,积极推动工业遗存"再利用",既保留历史遗迹,传承工业文明,又让建筑焕发生机。滨江南段核心区共保留 24 处、66 幢、总建筑面积达 26.2 万平方米的历史保护建筑及其他大量百年工业遗存,总建筑面积达 26.2 万平方米,包括 1883 年落成的中国第一座现代化水厂杨树浦水厂、建于 1913 年的杨树浦电厂、建于 1934 年的杨树浦煤气厂等。为更好地保护利用历史建筑,杨浦滨江对明华糖仓、永安栈房、毛麻仓库、烟草仓库等进行了整体性修缮,同时通过着力打造博物馆群落,实现了新旧动能转换和城市记忆的留存。①

(2) 坚持人民至上,以人民城市建设为根本遵循。杨浦滨江是习总书记提出"人民城市"理念的发源地,自然成为滨江更新改造遵循的最高价值目标。为此,杨浦区政府在市委市政府全面建设人民城市的统一部署下,制定发布《杨浦滨江全力争创人民城市建设示范区三年行动计划(2020—2022年)》,主动谋划、主动作为、主动创新,推进最大规模的工业遗存转化和最大体量的旧区改造,打造科技创新的高地、城市更新的典范、社会治理的样板,使其成为人民城市建设的示范区。"三年行动计划"绘出发展蓝图、城市更新再"靓"新貌、科技创新继续领跑、民生改善再创新高、社会治理凸显成效、营商环境日益友好。杨浦,正在向打造"人民城市"的幸福样本全力迈进。②

(3) 规划先行、规划创新、规划引领。为更好地提升城市公共空间品质,呈现一段有历史厚度、有城市温度、有社区活力的滨水公共空间,真正"还江于民",杨浦滨江的规划设计始终坚持规划先行、科学规划的原则,对

---

① 高洋洋:《活化利用百年工业遗存,上海杨浦滨江"工业锈带"巧变"生活秀带"》,http://www.chinajsb.cn/html/201911/18/6151.html。

② 董志雯:《党建引领社会治理 "生活秀带"展新颜》,http://sh.people.com.cn/n2/2021/1101/c134768-34984980.html。

标国际先进，坚持“开门编制规划”，本着“高起点规划、高品质建设”的精品意识，构建了“三带、九章、十八节”的整体构架和内容，提出了历史感、智慧型、生态性、生活化的理念。其中，“三带”包括工业遗存博览带、三道（漫步道、跑步道、骑行道）交织活力带、原生景观体验带；“九章”则是在场地遗存特色厂区基础上进行不同空间处理、功能倾向的规划设计，形成体现区域规划特色性的9个部分；“十八节”则是以18个工业遗存改造为节点设计的集趣味性、开放性和互动性于一体的沿江人文风景线。①

（4）探索实施滨江城市更新改造新体制、新机制。在杨浦滨江控详规划下，杨浦区进一步完善了“指挥部＋办公室＋滨江公司”三位一体的工作机制，以加快推动公共空间规划研究、土地岸线空间释放、贯通工程建设等工作。更重要的是，为了化解滨江复杂权属导致的土地清退难、土地收储难题，滨江改造着力强化土地储备的统筹力度，破解旧厂旧居动迁难题，主要做法是创新运用了“市、区联合储备”工作机制，由上海市土地储备中心与杨浦区土地发展中心以60％∶40％的比例共同投资，进行杨浦滨江地区整体收储和综合开发。在具体实施中，杨浦区还探索实践了土地出让溢价分成机制、存量更新机制，在坚持公共利益优先的原则下，促成“政企合作、利益共享、责任共担”。根据《上海市关于本市盘活存量工业用地的实施办法》，存量工业用地收储并出让土地使用权后，原土地权利人可以参与土地溢价分成，这充分调动了企业积极性，加快了土地释放、租赁户清退、场地拆平、腾地交地等工作，并对有条件的地块实施存量更新，推动低效用地转型升级。依托市区土地联合收储机制，杨浦滨江地区加强统筹协调，解决部分企业和部队要求土地置换等诉求，逐步扫除了历史遗留问题等工作障碍。②

---

① 董志雯：《党建引领社会治理　“生活秀带”展新颜》。

② 乌白说生活：《百年滨江工业带的新生——土地储备支撑上海杨浦滨江城市更新》，https://www.163.com/dy/article/GOPUOP2D054534HP.html。

至2019年底，杨浦滨江南段整体收储基本完成，市、区两级储备机构共储备土地约1.8平方千米，涉及企业22家、工业码头6处。“十三五”期间，杨浦滨江南段及滨江腹地共完成旧改2.6万户，显著改善居民居住条件。目前，杨浦滨江南段整体收储与综合开发基本完成，产业转型升级初见成效，但杨浦滨江中北段仍有约10公里岸线，涉及土地面积达9.6平方千米，体量约为南段的2倍，杨浦滨江地区城市更新仍任重而道远。“十四五”规划中，杨浦滨江中北段将高水平打造“卓越全球城市转型战略空间”，依托市区土地联合储备新机制，深化政企合作，分步骤开展土地收储、转型和临时利用。①

四、上生・新所：历史建筑与文化艺术的高度融合

上生・新所位于延安西路1262号，地处“上海第一花园马路”盛名的新华路历史风貌区，主要由孙科别墅、哥伦比亚乡村俱乐部、海军俱乐部3处历史建筑、11栋贯穿新中国成长的工业改造建筑、4栋风格鲜明的当代建筑组成。1924年，美国普益地产在安和寺路（今新华路）和哥伦比亚路（今番禺路）周边开发哥伦比亚住宅圈项目，并于1925年建成美国哥伦比亚乡村俱乐部，成为旅沪美侨的集会娱乐场所。1931年，哥伦比亚圈总规划师邬达克规划设计建造了孙科别墅。新中国建立后，哥伦比亚乡村总会的建筑作为上海生物制品研究所一直沿用至2016年。2016年6月15日，上海万科房地产有限公司与上海生物制品研究所关于延安西路1262号地块整体租赁开发项目成功签约，8月31日，双方完成了对该地块的整体交接，上生所进行搬迁，该地块作为上海万科的首个城市核心区域更新项目启动更新改造。2018年，上生・新所正式对外开放；到了2020年12月，哥伦比亚乡村俱乐部作为茑屋书店上海首店对外营业。更新改造后的上生・新所从曾

① 乌白说生活：《百年滨江工业带的新生——土地储备支撑上海杨浦滨江城市更新》。

经的老建筑、老厂房华丽转身为沪上时尚文化新地标、热门网红打卡地，成为一个以文化、艺术、时尚和新媒体为特色主题定位，集文化、创意办公、商业、餐饮、零售于一体，供上海市民工作、休闲、消费、娱乐的国际化活力文化艺术生活圈，成为了市民"家门口的好去处"。其成功的更新经验主要体现在四个方面：

(1) 坚持尊重城市文脉、延续城市机理的人本更新理念。历史建筑是维系人与历史之间的纽带，是承载人们生活记忆的载体，对历史建筑的保护保留，既是对城市文脉与城市肌理的保护，也是对地区特色的保护。上生·新所的历史建筑既见证了上海近百年发展历史，更储存着老上海人记忆中的城市样貌。2016 年进行重新规划时，上生·新所以尊重历史文脉、延续城市脉络、新老建筑对话、多样共享共生为理念，将建筑功能转换为办公、商业、文体、休闲相综合的公共开放空间，让这些老建筑又重新焕发生机与魅力。与此同时，上生·新所始终强调以人为本的理念，把满足人民群众对美好生活的需求作为更新的核心目标，突出公共空间、绿色景观的打造，体现开放、休闲、运动和交流的宗旨，让周边居民随时随地共享更新改造后的空间红利。

(2) 强调保护建筑的活化设计和量身定制，保护建筑多样性。上生·新所内建筑的修缮更新包含历史建筑、工业建筑及部分老旧建筑，其在保留老建筑历史脉络的同时，保护建筑的多样性，对每栋特色建筑进行了"量身打造"，赋予其新的"生命活力"。对保留的历史建筑，如哥伦比亚乡村俱乐部、孙科别墅等建于 20 世纪二三十年代的建筑，上生·新所设计遵循真实性、最小干预和可识别性等原则，按照"修旧如旧"的手法，通过立面和重点保护空间的修复，使之恢复历史风貌和特征，最大化还原建筑原真性；此外，上生·新所对改建的历史建筑以保护为前提，提升建筑的安全性与舒适性。如海军俱乐部中的网红游泳池，是为数不多保留至今的英制马赛克贴面泳池，泳池周边 20 世纪 80 年代改建的二层配套用房也被继续保留下来，改建为水岸餐饮休闲店铺,如今网红泳池成为整个街区的活力与时尚中心。至于20世纪50年代科研和生产时期园区陆续“生长”起来的非保护类既有建筑,在改造过程中,上生·新所既保留建筑自身特色,又结合功能需要,通过局部新材料、新手法的植入和改变,营造出和而不同的全新空间感受,同时布局了一批高质量的服务设施,更好地满足市民、游客多元多样多层次需求。如在麻腮风大楼改建中,上生·新所保留了简洁的现代主义的外观和水刷石外墙饰面,并出于采光需要将立面更迭为落地玻璃窗,架空底层局部并插入全新的“玻璃盒子”空间来满足商业需要。①

(3) 多主体参与更新改造,打造开放共享的公共空间。一方面,上生·新所引入社会资本进行多方共建共享,包括政府、学术机构、社会组织、居民以及房地产企业,利用土地的混合发展模式,提高土地使用效能。该园区的合作伙伴包括RESEE、WKUP等各种城市运动、时尚、创意品牌,它们将在这里碰撞经典。另一方面,上生·新所作为创意园区,在更新改造之时,被万科命名为“哥伦比亚公园”,表示空间定位的开放性、共享性。万科将其两边的通道打开,把空间开放给周边的居民,与周边的生活空间连通,形成很强的互动性,以集中的绿地与广场满足人们对绿化与活动空间的需求。每逢周末,天气良好的时候,周边的居民经常会到这里散步、购物、聊天,上生·新所无疑成为这片街区最有活力的区域。②

(4) 持续注入鲜活的文化艺术项目,打造365天不停歇的沉浸式文化活力街区。上生·新所除了注重历史建筑延续城市机理和文脉,容纳总部办公、创意文化、设计师工作室以及咖啡、书店、中高端餐饮等外,更重要的是还按照“空间+内容”,差异化定位园区建筑空间,臻选文化艺术内容,与空间特色充分融合,持续强化空间定位,让人们拥有“沉浸式”文化新体验,

---

①② 佚名:《上生·新所——城市更新“网红”案例》,https://www.sohu.com/a/313239859_188910。

满足人们的文化新需求，让人们在这里产生情感连接。这是上生·新所得以成为网红打卡地、具备持续吸引力的重要支撑条件。例如，由有着96年历史的哥伦比亚乡村俱乐部改造而成的茑屋书店，具有丰富多元的藏书类型和独特美观的内部设计，并在线下积极举办艺术讲座、读书会、体验式手工坊等各类文化艺术活动，是一个集阅读、餐饮、休闲、社交为一体、能够满足多年龄群体文化需求的核心文化公共空间和生活美学空间，成为沪上文化艺术与生活方式体验的新地标；孙科别墅则通过承办“理想之地”展览首秀、第十三届双年展之“水体”城市项目延伸展、探讨当代艺术与城市关联的《都市观奇》主题展等文化艺术活动等，努力打造沉浸式文化策源地的空间定位；海军俱乐部则通过举办首届咖啡戏剧节、悬疑戏剧展演周、漫才主题喜剧周末等空间与内容充分融合的文化活动，使其成为文化演绎新空间，与此同时，其独特的调性还吸引了众多文化艺术的大牌们来此举办活动，于2021年集结了包括卡地亚、祖·玛珑、宝格丽、朗格等品牌的重磅大秀。几乎每个品牌都选择将“沉浸式进行到底”，将空间故事充分融合于活动策展之中，营造出可看性更强的活动体验。而在街区公共空间上，市集、快闪一直都是户外街区在周末吸引人们驻足的主要内容。自2021年11月起，上生·新所推出全新策划——城市新舞台，计划每年发布100场公共免费演出，以音乐、舞蹈、戏剧、戏曲等形式，丰富居民生活，提升街区活力。在数年来的持续探索中，上生·新所摸索出一套独特的“商业街区的叙事”能力，形成不可替代、无法复制的“沉浸式文化街区”①。

---

① RQ:《上生·新所：一座具有“沉浸感”的街区是如何养成的?》，https://mp.weixin.qq.com/s/3Zng_Tcosf05zsdWPuP0aQ。

第五章
国内外城市的旧改更新模式与经验

世界城市化发展的规律表明，旧区改造是每一座城市在发展过程中面临的一个突出问题，处理好中心城区（旧城）与郊区（新区）的关系，尽可能消除不同群体之间的空间隔离，防止中心城区空心化、"绅士化"是城市实现和谐发展的真谛，也是当代新都市理论对城市建设、改造与发展，提高城市功能效率，让城市生活更美好的科学发展的战略选择。实际上，旧区改造是一个涉及政府、民众、企业等多元主体的综合复杂的利益系统，如何处理好经济、社会以及城市生态之间的协调，取得各方平衡、相互共赢是在旧区改造中实践科学发展观的核心问题。当今中国已经初步建立起社会主义的市场经济制度，政府、市场（开发企业）、社会（市民）在旧区改造过程中的责任与关系发生了根本性的变化。所以，充分借鉴国内外城市旧区改造的相关经验，对进一步促进我国城市功能转型和旧改更新具有十分重要的作用和意义。

第一节　国内外城市旧区改造的经典案例

一、美国纽约：社区企业家模式[①]

纽约作为一座全球化城市，城市发展不平衡依然是其面临的主要问题。

---

① 黄志宏：《西方国家旧城改造与贫困社区的可持续发展——纽约市旧城改造成功经验启示》，载《城市》2006 年第 6 期，第 31—34 页。

如何为社会底层集团提供搬得进、长期住得起的新房，是各国所面临的共同问题。如果改建后的房子以现有市场价格推出的话，必将形成新的无房户，加剧原有社会矛盾。对此，纽约通过政府财政补贴、银行贷款以及社会集资等方式，多方面筹集资金进行改造。建成新房投放市场以后，虽然开发商是以市场价格推出，但市财政实行“低收入者住房税收减免”等优惠措施，使得贫困者负担得起经济适用房，同时使社区面貌得到根本改变。旧区改造与社区重建实行的“低收入者房产税收减免”政策，虽然使穷人能住上新房，能暂时避免社会矛盾的激化，却难以实现贫困社区的实质性脱贫。这是因为从可持续发展角度来讲，有个安全的“立足之地”只是低收入者获得独立自主的第一步，只提供房子还不够，还必须让他们长期住得起房子。对此，纽约市在旧区改造过程中，十分注重社区“造血功能”的培养与可持续发展，其主要体现在“社区企业家”项目上，即依靠与鼓励贫困社区所在的中小企业参与旧区改造。其目的不只是解决废弃旧房的维修与重建问题，更重要的是以此为突破口，对贫民区进行综合治理，同时进行治标与治本，打破贫困社区经济、社会、居住环境三者间的恶性循环。相对常见的单纯经济补贴而言，这一模式具有显著的创新之处，即偏向于以市场调节为主。据 1973 年公布的统计资料表明，从 1954 年开始计划至计划终止时，纽约已在近 2 600 平方千米的城市土地上实施了 2 000 多个更新项目，拆除了 60 万左右单元的房屋，搬迁了 200 万居住人口。继而，在同样的土地上 25 万单元新房屋拔地而起，另有约 1 100 万平方米的公寓和约 2 000 万平方米的商业设施也建于此类土地上。

二、英国伦敦：功能提升模式

英国旧改的资金筹集模式是一种通过各方进行公开竞投发放运作的基金模式。20 世纪 90 年代，“城市挑战计划”“综合更新预算”和“欧盟结构基金”三种基金的推行，基本奠定了英国旧区改造的资金模式。改造的动机以提升城市功能为主。基金公开竞投与地方伙伴关系相辅而成,各方参与方案的制定和实施,同时,也为各方利益集团提供了交换观点、建立共识的平台,使得决策方案具有更广泛的代表性,使得社会、经济及环境等各个方面的考虑更加均衡。其中伦敦的码头区就是典型案例。该码头位于泰晤士河岸,全长约22千米,在19世纪是世界上最繁忙的一个港口。随着码头外迁,该地区开始逐渐衰落,大量人群失业、失学,生活相当贫困,住宅、厂房非常破旧,基础设施日渐落后,由此引发一系列经济和社会问题。1981年,英国政府为了利用这片废弃土地,改善其落后的基础设施,提供就业增加居民收入,推出了改造计划。为此,英国政府组建成立了伦敦码头区开发公司,并授予该公司几项权利:一是提供财政支持,每年授予公司六七千万英镑的资金,并给予土地增值返还的优惠政策;二是授予独家开发控制权,使该公司能够为投资者和开发者提供一站式服务;三是土地获取的权利,包括强制征用;四是授权向全球市场营销和推广码头区域等。正是这些充足而灵活的政策,才为该地区的成功改造奠定了坚实的基础。虽然伦敦码头区的旧区改造是由政府主导,但政府投资只占了总投资的20%,社会投资占了80%,两者比例1∶4,拉动效应非常明显,完全实现了政府制定的预期目标,将该地区建成集商业、居住、金融、旅游为一体的商务中心与休闲区域。另外,在伦敦码头区的改造中,开发者将码头遗弃的仓库、车间、保护地(即不拆外部结构,保留整栋建筑外部风格和装饰)改建为公寓、酒店、写字楼、社区活动中心、学校等建筑,将废弃的码头、内河改建为私人游艇码头、游艇俱乐部等,留下了丰富的旅游资源。

此外,英国在旧区改造中特别注意绿色建筑、可持续发展和以人为本。英国早在20世纪70年代就开展了绿色建筑的建设实践,并于1990年提出了世界上第一个完整的绿色建筑评估体系,于2008年颁发了可持续性住房建设守则。由此可见,他们对保护环境的意识、以人为本的理念非常强,也非常超前。在伦敦格林威治的千禧社区的改造,是英国最佳生态型住宅和可持续发展计划中最大规模的重建项目，该项目占地13公顷，1997年开始建设，已建成3 000套住宅、5 000平方米的商业设施。他们采用热电联产、高标准保温隔热、优化建筑朝向布局、最大化使用自然光线、使用低能耗电器洁具、雨水中水回收等技术措施，达到用水量降低30%、建筑能耗（建造和材料能耗）降低50%、建筑垃圾降低50%、建筑成本降低30%的节能效果。目前英国正在各城市试点建设“零碳排放”住宅小区。①

三、新加坡：政府主导模式②

新加坡是一个城市国家。20世纪70年代以后，旧城更新工作被提上了政府的议事日程。总体来看，新加坡的旧区改造，尤其是牛车水地区的旧城改造中比较突出的特点是：政府依靠一些特殊的政策法律，通过定义产权的方式实现其按照规划目标对旧城区进行更新改造，政府发挥着主导作用；同时，政府积极引导和发挥市场力量，共同推动旧区改造进程。具体而言，其运作背后具有以下三大制度基础：

（1）租金管制令。该管制令规定屋主不得向租户收取高于政府规定水平的租金，亦不准驱逐租户。这一制度下屋主被削弱的产权事实上赋予了政府对城市建设更大的控制力——对市场的控制使得整体规划的执行有了更大的保障。

（2）土地征用法。1966年颁布的土地征用法规定：国家可通过政府公报的形式征用土地充作“商业、居住和工业等用途”。一旦所在地块被某一政府部门征用并在公报上登出，屋主对于该块土地的用途再不能随便改变。在公报和征用期间，屋主对其所有土地的使用、转让都不是自由的。依靠土地征用法和租金管制令，政府大大降低了征地成本和交易成本，低价征得零

---

① 杜位彬：《英国伦敦考察之感想》，http://blog.12371.gov.cn/dwb_2009/archive/25890.aspx。

② 刘宣：《旧城更新中的规划制度设计与个体产权定义——新加坡牛车水与广州金花街改造对比研究》，载《城市规划》2009年第8期，第18—25页。

碎土地后可以整理成大块用地作道路拓宽、公共设施建设、商业楼宇开发等建设,或者将之储备以等待更好的市场环境。通过土地征用法,新加坡的国有用地迅速从二战时期的31%增长到1985年的76.2%。

(3) 土地出售计划。1967年起,新加坡城市改造处推出了土地出售计划。零散的土地在被征用整理成为熟地地块后,通过招标的方式租让给个体开发商(租让期为99年),招标时,开发商对于土地的开发权是受到限制的。

(4) 在政府引导和规划下,多种城市改造项目相继展开。1971年制定的总体规划、1988年制定的牛车水保护规划、1990年制定的控制规划、20世纪90年代末制定的牛车水旅游发展规划都得以一一实施,并最终使得城市更新的结果按照政府预设的方向发展。

四、中国香港:旧区激活模式[①]

香港为解决市区老化的问题,改善旧区居民的居住环境,制定了一系列的法规条例,并在2001年成立了市区重建局(其前身是1988年成立的土地发展公司),负责推行为期20年的市区重建计划。市区重建局对需要进行的改造工程有着详细的了解与规划,其主要职能在于统筹规划、收购业权、集合地盘,进而通过公开拍卖的途径或招标向私人发展商出售土地,激活旧区土地资本的活力,实现改造目的。具体而言,市区重建局采用四大业务策略(4Rs),即重建发展、楼宇复修、文物保护及旧区活化,全面引发市区更新的潜力。

2001年11月,香港规划地政局在咨询公众之后公布了《市区重建策略》,指引市区重建局的工作。该策略一共有39条,包括政府的原则、市区重建的目标、市区重建局的角色、收地过程、项目的处理、财务安排、参数和

---

① 周丽莎:《香港旧区活化的政策对广州旧城改造的启示》,载《现代城市研究》2009年第2期,第35—38页。

指引等方面。市区重建局活化项目包括单体建筑、建筑群、旧区。从 2001 年 11 月至今，市区重建局开展了 25 个前土发公司遗留下来的重建项目，以及 10 个新的重建项目和 2 个保育活化项目，为超过 18 000 名旧区居民改善居住环境；复修了 450 幢楼宇，令 36 000 个单位受惠；保育了 28 幢具历史价值的楼宇，并且在多个旧区进行了活化工作。比如在湾仔旧区的活化，在体现新思维、注重发展的同时，兼顾保留湾仔旧区特色，实现新旧共融，平衡发展和保育。

第二节　国内外城市旧区改造的主要经验

一、以规划为先导，实现改善居民生活质量的核心目标

根据国内外旧区改造的经验，制定相对完善的旧区改造规划，是行动的第一步。发达国家旧区改造规划不仅强调规划的长期性，而且强调规划的体系化和完整性。在地方规划中，除了有土地利用规划、建筑规划外，也有绿化规划，旨在保持旧城区的生态与人居环境的平衡，提高当地居民的生活质量。例如德国城市在市区保留足够的绿地面积，在旧区改造中不但不能减少绿地，必要时还要开辟新的绿地。由于规划的制定本身具有公众参与和严格的民意立法等政治程序，所以权威性和合法性能得到保证。

二、设立专门机构，全权负责旧区改造工作

旧区改造需要设有政府专管部门或城市开发公司，对需要进行的改造工程作详细的调查研究与仔细的规划。它们将成为政府调控土地一级市场的代表。例如香港在 2001 年 5 月 1 日根据香港《市区重建局条例》成立了市区重建局，它是香港专责处理市区重建计划的法定机构，其主要工作职能是加速香港市区旧区的重建发展，促进并鼓励复修残旧楼宇以防止市区老

化,保存并修葺具有历史或建筑价值的楼宇,致力保留地方特色,以及透过改善旧区的环境促进经济发展。再如新加坡在 1974 年也成立了市区重建局,其具体任务就是规划、管理和实施新加坡中心区域的综合重建或曰再开发。

三、制定和完善法律法规,依法推进旧区改造

英国在内城复兴过程中制定了很多法律,这最早可追寻到 1890 年的《工人阶级住宅法》,它要求地方政府对不符合卫生条件的旧住区的房屋进行改造;另有 1969 年颁布的《地方政府补助社会需要法》和 1978 年颁布的《内城地区法》等。除英国外,日本也制定了专门的《日本住宅地区改善法》。

四、注重居民参与,依法保障居民的合法权益

各国各地均把居民和公众权益作为旧区改造中核心考虑的问题,从规划开始就保证公众实权参与的权利,并在旧改的整个过程中保障居民利益。社会评估贯穿在旧改方案和实施过程之中,并进行后效评估,以便及时调整居民利益。例如德国法兰克福的居民住宅改造,其中的公众参与极具特色。每个准备改造的街坊或地区都在当地相应地成立一个规划改造咨询办公室,办公室免费提供规划设计的图纸、说明资料册子,并设置桌椅,提供饮料、水果,创造一种平等、融洽的气氛,供当地居民或准备购买、租赁房屋的人们在这里互相沟通、交流,向政府反馈各种信息,进而不断地充实完善规划。人们了解了自己未来家园的美好雏形,就积极支持旧区改造。①

五、制定严格的程序和标准,有序推动城市旧区改造

德国旧区改造执行如下程序:(1)调查研究,对旧区改造的必要性及其

---

① 张中夫:《德国的旧区改造》,载《城市》1994 年第 1 期,第 31—32 页。

对社会、经济的可能影响作出基本判断，了解城市各个方面的意见并进行汇总；(2)确定旧区改造地区，由社区政府根据调查和经济能力规定旧区改造的地区；(3)整顿措施，由社区政府负责实施整顿措施，包括有关建筑的拆除、居民和商业企业的迁移、道路等基础设施的设置或变更等；(4)建设措施，包括建筑设施的新建、补充、现代化修缮和其他公共设施的兴建等；(5)结束旧区改造。①

而在日本，除严格申报程序外，在决定项目计划时，实施者必须按建设省令的规定将其情况公示，并在与所有利益方、权利方达成协议以后，才可以进行拆除不良建筑、土地整治、住宅建设等工作。在香港，市区重建局在财政司司长批准该业务纲领及业务计划的当天，需致信重建计划项目涉及的所有业主，就具体事宜(如收楼价格等)向其征求意见，并要求其限期回复。一旦达成协议，市区重建即可展开拆除、改建、重建等工程。各国各地旧区改造中执行标准的制定，既有一些硬性的、国家层次的标准，又有改造地区居民或地方政府就某一改造项目而制定的特定标准。

六、注重历史文化保护，提升旧区的文化底蕴和历史感

旧区改造需要把改造与保护历史文化古城风貌结合起来，对重要文物、古迹及古建筑物重点保护，不准改变原有风貌。无论世界各地在宗教文化与历史传统方面有多大差异，但是旧区改造在保护古都风貌这一点上并无二致。20 世纪 60 年代末至 70 年代初，对古建筑和城市遗产的保护已逐渐成为世界性的潮流。②例如在旧区改造的过程中，法国共有 12 600 处古迹和 21 300 座历史性建筑物均受到法律保护，其中大多数是城堡、庄园、宅第和教堂。法国 1962 年公布了马尔罗法，该法规定对若干城市地区进行全面性

①② 项光勤：《发达国家旧城改造的经验教训及其对中国城市改造的启示》，载《学海》2005 年第 4 期，第 192—193 页。

的保护规划;而1977年通过的法令把巴黎分成三个部分,第一部分是历史中心区,即18世纪形成的巴黎旧区,主要保护原有历史面貌,维护传统的职能活动;第二部分是19世纪形成的旧区,主要加强居住区的功能,限制办公楼的建造,保护19世纪统一和谐的面貌;第三部分是周边的部分地区,法令对其适当放宽控制,允许建一些新住宅和大型设施。①

七、发挥各级政府及私人的积极性,多方筹集旧区改造资金

始于1954年的美国旧区改造就是通过地方有关机构和大量联邦政府的补贴来筹集改造资金的。它重整了数以百计的社区形态。到了20世纪80年代以后,公共治理的原则进入旧区改造领域,旧区改造不能光靠政府投入,将私人和社区资金纳入旧改已成为各国共同考虑的办法。日本以立法形式规定,旧区改造所需的资金除法律特别规定外,由旧区改造项目的实施者承担。实施者拆除"不良住宅"所需要的费用,在预算范围内,由政令规定,国家可补助不超过1/2的费用;实施者改善住宅建设所需的费用,在预算范围内,由政令规定,国家可补助不超过2/3的费用。都、道、府、县对于实施住宅地区改善项目的市、镇、村,可给予补助金。德国则通过调整住房建设预算来筹集德国统一以后整顿东部旧住宅的资金。政府从财政预算中拨款,给予旧住宅领域的私人投资者和旧建筑的主人补贴。凡是向旧住宅领域投资的私人投资者,都将得到一笔5万马克的补贴,分8年发放;每幢旧建筑的主人,将得到3 750马克的整顿资助以及2 500马克的补贴。②香港市区重建的任务由专职机构——市区重建局承担,市建局的资金来源分为拨款和自筹两部分,其拨款部分需经立法会决定,其自筹部分为实现其规定

① 李其荣:《对立与统一——城市发展历史逻辑新论》,东南大学出版社2000年版,第287、357页。转引自项光勤:《发达国家旧城改造的经验教训及其对中国城市改造的启示》,载《学海》2005年第4期,第192—193页。

② 王成广:《国外(地区)旧区改造经验借鉴》,载《上海房地》2003年第1期。

职责而收取的所有款项及资产。由此可见，香港市区重建的资金主要依赖财政资源。

第三节 国内外城市更新的主要趋势

一、更新理念：从旧区改造到城市有机更新

如今，城市中的传统中央商务区(CBD)演化为两种具体的类型：一是以商务办公区为特征的CBD，如纽约曼哈顿、上海陆家嘴；二是在原有中心区的商业中心基础上发展起来的CBD，具有混合中心的特点，但已或正向商务设施主导功能方向转变，上海市黄浦区就属于这一类。随着建筑物理功能衰退、配套设施的落伍以及新CBD的崛起，对CBD实施有机更新是唤醒我国城市再生的有效途径，而伦敦码头区、曼哈顿CBD等众多国际中央商务区有机更新的成功实践为我国实施CBD的有机更新提供了经验借鉴。

城市有机更新是由吴良镛教授提出的概念，认为从城市到建筑、从整体到局部是如同生物体一样是有机联系、和谐共处的。他主张城市建设应该按照城市内在的秩序和规律，顺应城市的肌理，采用适当的规模、合理的尺度，依据改造的内容和要求，妥善处理关系，在可持续发展的基础上探求城市的更新发展，不断提高城市规划的质量，使得城市改造区的环境与城市整体环境相一致。

城市更新类型最终都可归为以下三类：拆除重建类、有机更新类、综合整治类。一般来说，早期或特殊时期的城市更新以拆除重建为主，成熟发展中的城市更新以有机更新和综合整治为主。有机更新在空间优化和提升的同时，更加注重权衡社会、产业、生态、历史、文化等多因素的传承和创新。它不仅是更新建筑和空间，而且是提升城市品质和能级的内涵式和系统化的更新方式。如果说拆除重建的更新是城市阶段性的、粗放式的、偏重增量

的更新，那么有机更新则是城市永续性的、内涵式的、偏重质量的更新。

举例来说，伦敦码头区进行了长达17年的改造重建工作，使该地区的经济得以复苏，并将其打造成为了世界级金融中心——金丝雀码头。而广州2020年新一轮的城市更新和城市建设，提供了顶层设计，通过城市更新一并破解广州在快速发展中面临的大城市病等系列问题。通过连片规划、完善配套、产城融合、提质增效，职住平衡、包容共享，传承文脉、协同互进等措施，广州着力解决经济发展动能不足、公共服务设施供给不足、低成本住房保障不足、城市活力不足、保护发展脱节等深层次矛盾，探索城市高质量发展、人民高品质生活的特色化城市更新路径，在城市规划、建设、管理的全流程中提升城市治理现代化水平。尤其是其中环市东片区，已转型升级为广州中央活力区(CAZ)。

二、城市交通：外网快速疏散，内网地下空间＋联廊

城市交通内网往往采取“地下空间＋联廊”的方式升级。由于中央商务区具有人员流动性大的显著特征，打造高效、便捷的交通体系是提升中央商务区环境与整体使用感的核心保障，也是带动其他公共设施完善的核心动力。

传统城区由于高层建筑过于密集，用地极为紧张，城市交通内网多采用“地下空间＋联廊”的方式升级。CBD为改善用地紧张问题，采取了建设附属商务区和开发地下空间的双重措施。20世纪60年代以来，欧美许多大城市采取建设副中心的方式来优化城市空间布局，有效分散了原有中央商务区的部分功能，缓解中心区由于功能过于集中产生的交通、人口压力。

随着紧凑型城市建设理念的推广，地下空间开发成为众多中央商务区解决土地稀缺问题的有效途径。合理利用地下空间不仅扩大了商务中心区的空间容量，还能缓解地上交通设施的压力，并增强片区商业的活力，逐步形成地下、地面和上部空间协调发展的城市空间结构。

纽约曼哈顿CBD便针对这一问题加强了地下空间的开发利用：一是加

强建筑物间的立体开发，曼哈顿高层建筑地下室由建筑物间的地下空间连成一片，成为整个建筑群的组成部分，设置地下停车场、商场、地下通道、游乐设施，组成大面积的地下综合体；二是加强地铁与著名建筑地下综合体的连接，政府规划时将地铁与联合国大厦、曼哈顿银行大厦、洛克菲勒大楼等著名建筑的地下综合体相连；三是注重地下步行系统的建设，通过地下通道把地铁车站与大型公共活动中心连接起来，形成四通八达的地下步行系统，很好地解决了人、车分流的问题，缩短了地铁与公共汽车的换乘距离。如典型的洛克菲勒中心地下步行系统，便将10个街区范围内的主要大型公共建筑在地下连接起来。

再如新加坡，在土地有限、水深受限、海平面上升和生态恶化等多重问题下，全面开发地下空间势在必行。新加坡很早就规定土地所有权人可以在“合理且必要”的情形下使用和享受地下空间，政府鼓励私人合理开发地下室等私人公共空间，同时积极主导大面积公共功能的地下空间开发：第一，政府整理和共享不同类型地块的地下空间信息，主要包括公共市政网信息、建筑坐标和地质数据等，构建地下空间数据服务平台，供工程勘测及项目实施参考；第二，政府开发立体数据库，逐步绘制精确的新加坡地下3D地图，详细显示新加坡地质构造，使复杂的地下空间可视化，确保地下用途与地面用途的兼容整合，并支持三维地理空间分析；第三，政府布局市政公用设施、运输、仓储以及工业设施，尽可能腾出地面用于住宅、办公楼和绿化等，提高生活品质，并率先在滨海湾、裕廊创新区和榜鹅数码园区三个重点区域规划试点建设地下城，其浅层地下空间主要建设地下交通设施和地下综合体，如公交枢纽、地铁、地下停车场、商业娱乐场所等；深层地下空间主要建设地下基础设施，如能源中心、仓储物流系统、战备系统等。

三、资源要素：从城市化到疏散与集聚

在北京，核心区围绕确保首都功能展开。在疏解非首都功能方面，北京

严控增量,下更大力气疏解存量,提高疏解的协同性和整体性,把人口、建筑、商业、旅游"四个密度"降下来;推动传统商业区转型升级,加强旅游秩序管理,努力让核心区静下来;抓好腾笼换鸟,优化营商环境,发展"高精尖"产业,支持符合首都功能定位的总部经济。此外,金融街要强化国家金融管理中心功能,并要作好"文化+"文章,推动文化与科技、金融融合发展。

伦敦CAZ与芝加哥CAZ的常住人口均已呈现年轻化、高学历等特征。根据伦敦2017人口普查结果,伦敦CAZ的20—40岁区间人口占比高于伦敦整体约3%。芝加哥中心区2016人口普查中,年龄中位数则为32岁,45岁以下受过高等教育的人群占比接近50%。CAZ是整个城市中吸引国际资本、国际人才最集中的区域,伦敦CAZ近10年吸收外资位于全球前2位,年度来访国际人士接近2 000万;同时,CAZ也是城市集中向世界展示自己的窗口,是浓缩城市的历史记忆和现代文明的代表性区域。

四、城市产业:纵向加深消费者的参与感和体验度

在城市功能和产业的升级过程中,所有产业围绕以人为本的体验经济进行更新升级是国内外大城市更新的普遍规律和趋势。以伦敦为例,文创产业的单一产业增加值比重已超过10%,成为仅次于金融产业的第二大产业,尤其以广告与营销、影视、IT服务、出版与可视艺术等细分产业形成更契合中心城市基因的文创亮点,并形成对旅游、金融、科创等跨界就业岗位的有效带动,同时以对城市历史的挖掘活化凸显城市名片也是其重要作用。此外,伦敦商业更趋多元,引领城市风尚。伦敦以不同层次的商业集群组成具有较大规模和高品质的CAZ商业结构,使其成为具有全球吸引力的购物目的地。它包含一系列独一无二的商业中心和混合功能的商业集群,在提供零售购物的基础功能之上,针对不同客群发挥不同作用,横向拓展零售之外的业态和功能,并以商业为主的夜色经济打造城市7×24小时全天候焕发活力。

CAZ 包含了伦敦的所有战略功能。但伦敦规划反映的是伦敦市长的施政理念,因此主要强调 CAZ 是“世界上最具吸引力和竞争力的商业地点”,“功能聚集程度独一无二,造就了卓越的生产力水平”,重点在强化和提升其经济服务水平。因此,伦敦规划对于 CAZ 的政策有两个导向:一是继续增加办公空间,在各专业功能区进一步聚集劳动人口,提高经济产出;二是限制住房供应,住房供应不得影响 CAZ 战略功能的实现,这也是伦敦唯一一处对住房供应进行控制的政策区。

CAZ 产业经济和城市功能的发展特点,体现在空间规划上,即形成多元功能复合的特征。以伦敦 CAZ 威斯敏斯特区域为例,在过去的 10 多年中,商业零售、办公、居住、酒店的比例变动很小,政府始终将办公建面比例保持 50%以下,居住用地保持在 12%—14%,以确保两者比例在 3∶1 至 4∶1 之间,维持整个地区的内部活力。同时,由于 CAZ 多样的服务人群与庞大的旅游业,地区一直保持 8%的酒店与 11%的商业零售作为整个地区的支撑性服务,同时预留 20%的场地空间给其他产业,以保证 CAZ 业态的弹性与多样发展,其中文化创意产业、娱乐休闲产业等都是提升 CAZ 地区整体品质与吸引力的重要力量。

另一方面值得关注的是,CAZ 区域内部还会划分出不同层级的片区,包括全球级和区域级的核心片区,以及城市级和片区级的亚片区。比如芝加哥 CAZ 内,卢普区和“华丽一英里”分别是全球级及区域级的 CAZ 亚区,林肯公园片区、河北片区、黄金海岸片区等则为城市级 CAZ 亚区,柳条公园、小意大利等则为社区级 CAZ 亚区。在纽约,曼哈顿中城和下城的传统边界开发规划了布鲁克林下城区、长岛市和远西三个新的 CBD 分区,以及一些比 CBD 规模更小的附属商务区(ABD)。广州 CAZ 则集办公、金融、商务、娱乐、旅游等功能于一体,拥有多样化、现代化的配套设施设备,把握着城市的经济脉搏。为转型升级为中央活力区 CAZ,环市东片区将构建以贸易总部、创新金融、健康医疗为主导,以城市服务为支撑,以科技为驱动,以文化为特色的现代服务业体系。环市东片区将以花园酒店、友谊商场、白云宾馆等围合环东文化聚合界面,打造环东品牌形象与文化地标,同时通过地下—地面联通的立体广场,缝合环市东路南北城市空间,连接建设街、天胜村、华侨新村三大主题文化街区。城市的多元功能也将在这里实现复合。应用乐活街区理念,环市东片区将在最小尺度上实现功能业态的最大混合,通过数字化体验设计打造环东未来社区,同时实现公服设施扩容提质,提升居住片区和产业片区的整体服务水平。

五、城市文化:重视历史元素的保护与适应性再利用

城市更新需要保护和适应性再利用当地的历史与文化元素。一个发展繁荣的商圈和建筑群往往与历史记忆相关联,这些文物建筑承载着更多独特的价值,它与当地居民的生活密切相关,是市民骨子里认可的情感寄托。这些历史记忆能够反映出某一时代的生活状况和文化发展。因此,对中央商务区进行有机更新应赋予这些历史建筑新的时代功能,将这种特有的历史记忆用现代城市规划的手段去延续它,将其纳为自己发展的一个优势。

以伦敦为例,其码头区大部分的陈旧仓库和码头都被拆除,少量仓库被改建为住宅。但船坞的沟渠和水面几乎都得到了保留,被作为游艇及水上体育中心来使用。此外,伦敦码头区开发公司还对伦敦烟草码头等具有历史保护意义的旧建筑进行了适应性开发和再利用。伦敦烟草码头是建于17世纪的烟草与酒类的仓库和出品装卸区,伦敦码头区开发公司对其进行了功能性改造,将原先的仓储功能改为大型商业批发中心,而其原有的建筑风格得以完整保留。

六、区际关系:改善区域公共设施与环境,缓解城市空心化

以伦敦为例,在改造方案规划前期,伦敦码头区开发公司意识到伦敦码头的优越地理位置所带来的巨大潜力以及其废弃厂房建筑空地的价值,并

据此对改造资金进行了合理分配，将 57%的改造资金用于交通道路设施的建设与社区设施的改善，并将 7%的改造资金用于土地清理与环境改善，修缮公共设施，清理泰晤士河，以此吸引投资者和居民的回流。同时，伦敦码头区开发公司注重社区活力的打造，将占总预算 7%的资金投入社区的公共设施建设和公共活动打造中，其中教育设施与健康中心等其他社区活动设施的建设各占据了建设资金的一半。

再如华尔街，其建设初期建造了大量的写字楼和少数高级公寓，这些大楼主要用于办公，不作宾馆、购物和居住之用。而商务活动抬高了地价，随着摩天大楼的崛起，该地区的文化娱乐业、餐饮业和零售业等其他商业逐渐衰败。为了解决曼哈顿老城功能单一的问题，纽约市政府采取了一系列措施，如加强配套设施建设，进一步开发完善与商业中心、文化设施、滨水休闲区、公共空间等相关设施和服务，创造由就业人员、旅行者、居民等多样化人群构成的“24 小时社区”。

第六章 上海城市更新改造面临的主要问题与挑战

自 20 世纪 90 年代以来，上海持续开展了多年大规模的旧区改造。为进一步满足人民群众对美好生活的需要，近年来，上海始终把旧改作为重要的民生工作，旧区改造力度不断加大，速度不断加快。经过艰苦努力，上海成片二级以下旧里征收改造接近尾声，许多街区面貌已焕然一新，不少地块还成为了上海的新地标和网红打卡地。在成片旧改方面，截至 2020 年底，上海全市剩余成片二级旧里以下房屋约 110.7 万平方米、居民约 5.63 万户。根据《上海市住房发展"十四五"规划》，上海将在"十四五"期间全面完成中心城区二级旧里以下成片、零星旧改，同时全面启动 280 万平方米不成套职工住宅和小梁薄板房屋的更新改造，实施 5 000 万平方米各类旧住房更高水平更新改造。这预示着上海中心城区二级旧里及以下房屋大规模、成片化的改造即将结束，城市已进入存量改造的更新阶段、转型发展的关键时期。在未来 5—10 年的发展中，上海既存在一定数量的传统成片或零星二级旧里改造任务，又面临着更大规模存量挖潜、转型升级的城市有机更新任务。盘活各类低效存量空间的功能转化，提高土地资源利用效能，增强城市功能和能级，推动高质量发展、创造高品质生活，成为上海全面建设卓越全球城市的核心任务。但是，上海作为超大型城市，除了二级旧里改造、消灭马桶外，中心城区依然分布着一定体量的低等级、存在安全隐患的老旧房屋，零星地块的旧区改造和旧住房更新任务还十分艰巨，城市更新改造依然面临许多问题和挑战。

第一节　上海存量旧改存在的主要问题

上海在“十三五”时期已完成全市中心城区二级以下旧里房屋改造 281 万平方米，黄浦、虹口、杨浦、静安等旧改大区的大批旧里已完成居民动迁和房屋征收，成片成街坊二级旧里的增量式改造越来越少。截至 2020 年底，上海中心城区共有零星旧改地块 148 个，涉及二级旧里以下房屋约 48.4 万平方米、居民 1.7 万户。从 2020 年底至 2021 年 10 月底，上海已完成零星二级旧里以下房屋改造 3.2 万平方米、0.12 万户，剩余 45.2 万平方米、1.58 万户，计划将在“十四五”期间完成改造，并力争提前。但剩余部分的存量成片或零星二级以下旧里房屋，往往与历史风貌保护区高度重叠，改造依然面临诸多难题。

一、超负荷使用及安全隐患问题

(1) 超负荷使用。由于历史原因，一些旧里和历史街区的建筑(如花园住宅、里弄等等)原设计是一栋房子居住一户人家，而现在是一栋房子居住五六户人家，长期处于“七十二家房客”的过度使用状态，居住面积狭小，厨卫等设施严重不足。因居住质量比较差，居民为改善居住条件，占用走道等公共区域，甚至乱搭乱建，带来安全隐患，也造成历史建筑功能性损坏。得不到改造而真正愿意在这里长期居住下去的人越来越少，一些较富裕的居民和一些刚组建的小家庭逐渐离开，使这些建筑人口构成比较复杂，社区老龄化程度较高，平均社会阶层较低。

(2) 设施配套不足问题。由于建成年代久远，这些地区的市政基础设施普遍存在设备老化、容量不足的现象，已有的基础设施破损严重，电线、自来水管道、消防设施等严重老化,通讯、配电线网架设杂乱,不少管道已服役80年以上,远远超过设计使用年限。受资金、物力和交通等制约,这些基础设施的改造、建设速度明显滞后,设施能力与其功能需求相去甚远,供需矛盾日显突出。特别是道路交通,由于老城区路网密度高、路幅狭窄、交叉口间距短,加上过境车辆多,机动车与非机动车混行,交通拥堵现象严重。此外,停车库(场)不足的问题不得不通过路边停车缓解,而这又给本已超负荷运转的动态交通增加了压力。同时,由于房屋室内地面标高较低,周边道路路面又不断加高,容易造成房屋进水,产生积水问题。

(3) 安全隐患问题。主要安全问题有四:第一,结构安全问题,由于这些建筑建造年代久远,以砖木结构为主,长年累月的超负荷使用,导致建筑结构不堪重负,存在建筑结构安全隐患;第二,消防安全问题,这些建筑以砖木结构为主,耐火等级低,存在很多防火安全隐患;生活配套设施缺乏,厨房面积小,几家居民共用一个厨房用火,居民用火条件差,有的居民在楼道内煮饭,更加危险;许多家庭添置了彩电、冰箱和空调等家用电器后,用电负荷大大增加,加上电线老化,乱拉乱接、电器插座安装不规范等情况,火灾危险因素较多;第三,社会安全问题,包含群租、邻里矛盾、外来人口、低收入人群社会稳定问题等等;第四,市政安全问题和防台防汛安全问题,雷、电、燃气、水管等市政突发事件较为频繁。

(4) 环境问题。主要环境问题包括如下三个方面:第一,违法建筑拆除难。历史街区与建筑区域的临房和杂乱无章的违章搭建,侵占了原有的绿地和空间,也破坏了建筑外观,城市环境也遭受损害。然而,由于居民居住条件差,搭建违章建筑是为改善自身的居住条件,与法有悖,但与情尚有合理之处,这对行政执法带来了一定的难度。目前政府主管部门对违章建筑的行政执法作了很大的努力,但收效不大。第二,室内装修破坏多。有的居民或单位对房屋进行过度的装修和改造,改变了原有的使用功能和风格,甚至是破坏性的使用,使历史街区的景观和整体风貌受到很大破坏。第三,商业经营有干扰。商家的引入和复合功能的打造，在提高社区活力的同时，也带来大量的人流、噪声等问题，对居住环境造成一定程度的干扰，尤其是底层商铺对上层住房的干扰。尽管商业经营带来小区整体房价或租金的提升，一定程度上平衡了部分业主对居住环境的要求，但也有部分业主对此不满，如田子坊就有多处上层住房与底层商户对抗。

二、旧改项目融资和资金平衡难问题

旧区改造历来被称作“天下第一难”，目前余留的旧改地块更是基础条件最差、情况最复杂、开发难度最高的部分，尤其是零星老旧居民区和老旧城区，通常位于中心城区的中间圈层，建筑相对密集，土地面积狭小、形状不够规整、人口密度较大，市场运作升值空间微小。对于这些区位条件差、居住密度高、资金难平衡的地块，市场主体参与热情不高，不少待更新项目因此搁浅或少人问津。此类问题主要体现在以下两个方面：

（1）保留保护建筑比例高，资金平衡压力大。在传统以拆除重建为主的旧区改造模式下，旧区改造的成本能够得到较好的控制。但是 2017 年以来，上海旧改模式全面转向“留改拆并举，以留为主”的新模式，明确提出 730 万平方米里弄建筑应当予以保护、保留的目标。纳入保留保护范围的旧改地块，在编制旧改地块改造方案时，须经历史风貌规划评估和认定后才能实施改造，对于需保留保护的建筑，按照“留房留人”或“征而不拆”等方式进行改造和利用，这一方式的转变对旧改项目资金平衡提出了新的挑战。有研究表明，沪上多数旧改地块规划要求保留建筑占征收范围建筑比例在 40%—50%左右，个别地块规划甚至要求保留保护历史建筑面积占旧改地块征收范围住宅建筑面积的 70%以上，旧改地块中过多地保留保护建筑不仅会改变旧改地块的性质，还增加了旧改项目的筹资压力和资金平衡的难度。[①]

---

① 杨华凯：《上海旧区改造项目资金平衡的对策》，载《科学发展》2020 年第 5 期，第 104—108 页。

(2) 多数居民倾向于选择货币化安置，安置成本不断攀升。旧区改造的安置成本与房地产市场紧密相关，随着房地产价格的不断走高，旧区改造的总体安置成本也处于不断上升之中。有数据表明，与 2013 年相比，2018 年全市旧区改造中的户均安置成本和人均安置成本分别提高了 203.6%和 238.7%，旧改地块前期房屋征收成本巨大，在当前稳控房价的背景下，土地出让价格下行，地块成本收益倒挂已成为常态。目前中心城区旧改地块的安置房源价格与周边市场商品房价格基本持平，再加上一些安置房地处城市边缘地区、交通不便、配套不完善，使得绝大多数居民在动拆迁时倾向于选择货币化安置，这既造成按规定比例配套的安置房源大量积压，项目现金沉淀猛增，进一步加剧了各区资金紧张。

历史街区与建筑更新是一个复杂的综合体，涉及社会效益、经济效益、环境效益、文化效益等。当前，影响历史街区与建筑更新的主要问题实质上就是涉及其中的不同群体之间的利益平衡问题，包括政府部门、参与企业、居民群众以及相关利益主体的分配问题，这些利益复杂多变、彼此纠缠、相互制约，而且矛盾尖锐，需要在各方面完善制度和政策才能逐步解决。而利益问题直接表现在投入产出等的核算上。

历史街区与建筑区位优越，使得房屋征收或置换成本高、投入大，加之工作中所产生的管理及财务费用等，数字十分庞大。即便市、区政府设立文物保护专项资金、风貌保护专项资金、城市更新专项资金等，也难以达到这样的规模，投入大量的财政资金去一一解决问题。

由于房地产市场高速发展和房价连年高企，以及历史导致的住房保障欠账，不管是“数砖头”还是“数人头”，也不管是拆迁、置换还是解除租赁关系，其成本都越来越高。即便居民全部转移，还需要对留下来的历史街区与建筑进行精心修缮，不仅包括室内、室外(屋顶)，还要进行市政配套，有的甚至要对建筑本体进行加固等技术处理，以适应现代生活需要，其净投入将是巨大的，甚至要投入比新建项目多得多的成本。而历史街区与建筑经济价值的潜力，随功能不同、更新程度不同而不同，但总体而言，随着形势的变化，其投资风险大，时间跨度大，资金平衡难。

同时，历史街区与建筑置换调整的开发定位往往比较高档，工程选用上乘建材和设备，工艺上精心雕琢，采取“修旧如故”式的保护性修缮方式，运作成本极高。再加上公房残值补偿费、土地出让金及其他费用(如市政配套费等)，保护与利用的成本普遍高于同期新建高档商办楼宇的平均建设成本。然而，旧里房屋保护性改造所产生的经济效益不一定大，有的甚至没有经济效益，投入产出难以实现平衡。投入产出能否形成良性循环，对采用市场化运作方式来说至关重要。

尽管上海设立了文物保护专项资金、风貌保护专项资金、城市更新专项资金等，但这些资金仅能勉强维持历史街区与建筑的日常维护，难以承载功能置换和居民安置等更多目标。部分历史街区与建筑呈现“七十二家房客”的局促局面，居住密度高，居住其中的中低收入人群多，导致保护与更新工作成本高、收益少、矛盾多，社会资本鲜有参与的积极性，政府基金的缺位和不足往往导致保护要求难以落实，历史街区与建筑持续破败。长期以来，对历史街区与建筑等旧住房的维修仅仅实现了最基本的“不倒不漏”的目标。

三、产权关系复杂社会矛盾突出问题

作为一项重大的民生工程，对居民来说，旧区改造除了改善居住条件外，更意味着巨大的经济利益重新分配问题。正因如此，在旧改实践中，绝大多数旧区居民从内心非常渴望自己的小区进行旧改，高度认同政府的旧改政策，但也有一些居民对旧改抱有过高的预期，把旧改动迁当成一夜暴富的机会，提出许多不合理的无理要求。尽管在当前的阳光征收政策下，类似居民最终并不会拿到额外的补助，但这对旧改中的社会矛盾化解和社会稳定和谐带来巨大挑战。特别是一些老旧居住区的一些居民房屋，产权关系复杂、户籍人口多，甚至涉及两三代人、数十人，在巨大的征地补偿款面前，往往引发尖锐的家庭内部矛盾,既延缓了旧区改造进程,也容易引发社会不稳定。因此,如何进一步加大旧改政策的法律宣传,强化旧改进程中社会矛盾的全周期治理和调处化解,营造依法、公平、合理、和谐的社会氛围,依然是未来旧改面临的一个比较棘手的问题和挑战。

历史街区与建筑最为核心的问题之一在于产权和使用权的损益纠葛,其一部分是历史遗留问题所造成,一部分是现实多方利益主体难以达成一致的结果。这些历史街区与建筑有的经历了租界、抗战敌伪、国民政府等不同时期,并在解放后经历没收和改造等,历史沿革情况比较复杂。经过漫长的历史演进,历史街区与建筑产权性质混杂,包括直管产、系统产、私产、宗教产、免租产、混合产等等。尤其是产权人与使用权人、实际使用人在大多数情况下是分离的,产权人仅对使用权人收取十分低廉的租金(实际上是一种住房保障政策。在转租情况下,使用权人却对实际使用人收取市场租金,历史街区与建筑有关主体的"权""责""利"是不对称的),再加上这种公共财政纯投入与个体使用非责任性之间的不对称性,使利益双方都不愿意承担历史街区与建筑的维护和更新责任。同时,虽然房屋产权和使用权在产权人和承租人之间是分离的,但征收时又没有实质性差别,子女仍有继承权,分家还有析产权,居民事实上相当于具有永租权,具有和产权类似的法律效用,而在现实中也存在着大量使用权交易的现象。

这种产权关系的复杂性决定了当前历史街区与建筑使用中存在诸多难以厘清的问题。这种物权关系层面的缺陷,进一步加速了历史街区与建筑的衰败,使得今天普遍存在的历史街区与建筑危破状况与产权问题不无关系。这是计划经济时期遗留下来的历史包袱之一,非一朝一夕所能全面解决。因而也有人建议,通过相应政策与法规调整,使居民可以通过市场买卖的方式获得房屋产权,这将有助于激励居民自发性的保护与更新行为。从一方面来看,"七十二家房客"的密集居住使用情况必须得到有效、有序疏解,其前提是必须建立明确的产权关系和权责利关系,这是摆在历史街区与建筑更新面前的一个重要问题;从另一方面来看,承租人关心、期待更多的,实际上不是历史街区与建筑的保护问题,而是需要尽快解决实际居住生活中的诸多困难,以及在征收置换中的利益得到最大化体现等问题。

四、现有旧改政策不完善不匹配问题

如果依据现有的建筑法规,如退界、日照、间距、密度、面宽、限高、绿化、消防等等,零星地块旧改在实施中难以完全达标。审批部门和设计单位缺乏科学有效的、明确的审批和设计依据,导致项目推进困难重重。

第二节　上海增量城市更新面临的主要问题

作为卓越全球城市,目前上海的城市能级与全球顶级发达城市之间仍具有较大差距,人均、地均经济指标与东京、新加坡等亚洲国际大都市也相距甚远。所以,除了继续推动剩余的成片或零星二级旧里以下老城区改造外,在追求高质量发展、高品质生活、高效能治理的总趋势下,只有牢固树立“以亩产论英雄、以效益论英雄、以能耗论英雄、以环境论英雄”导向,全面推行实施以大幅度提高土地利用效率和城市能级为核心目标的大规模、高强度城市更新,是上海不断提升城市品质、增强城市软实力,从而更好代表国家参与全球经济竞争的必然选择。从这一战略意义来看,上海当前的城市更新依然存在诸多需要加以破解的问题。

一、更新观念与认识滞后

观念是行动的第一先导。城市更新作为一项城市长期演变发展过程中一项全局性、整体性的城市发展战略,首先要求城市管理者和决策者顺应时代发展的潮流,树立持续性的城市更新观念。与全球顶尖城市的城市更新

实践相比较而言，上海城市转型和城市更新当前需要首要解决的问题就是观念上的认识问题。

(1) 缺乏城市更新发展的持续性观念。目前，虽然城市更新已经作为全市的一项重大战略，也成为国家主动的一个新战略，但在不同层级、不同区域范围的执政者和管理者，尤其是城市建设管理部门，依然保持过去30多年快速城市化发展的惯性思维，强调以规划指标完成“建成”为目标，或者是针对一些老旧小区、历史街区的狭义改造，而对进一步涉及土地利用调整、物业更新等领域的“持续更新”缺乏敏感和主动，这一思想不仅体现在一些小块土地利用上，也体现在城市发展重点区域上，如陆家嘴中心区的改造与国际最发达的金融区还有很大差距，殊不知像欧美高度城市化的发达城市的高品质发展，实质上是经历长期、持续不断更新改造的结果，这些城市尤其持续关注和重视建成区的再开发等规划问题，并将其作为提成城市竞争力的战略问题对待，旨在通过全方位政策努力实现城市经济、社会和环境的升级与改变，从而减缓城市衰退带来的影响。从这一点来看，上海中心城区的大部分建成区是第一次城市化粗放式发展的物质结果，还远远没有定型，城市整体布局和空间区域存在再开发的巨大潜力和空间①。因此，跳出传统的老旧小区改造、微更新等举措，在更大空间、更宏观角度出发，树立城市多次开发的持续更新理念并适时推动城市更新政策创新，对真正全域提高建成区土地利用效率和城市能级、实现高质量发展具有十分重要的先导作用。

(2) 对既有历史街区改造模式存在诸多认识差异和分歧。比如新天地这一如今是上海的时尚商业地标，繁华兴旺，人气积聚，但也有人认为新天地历史街区与建筑保护开发只是商业开发的一种模式，并不是保护历史街区与建筑遗产，也不能算是历史街区与建筑保护范式。类似地，针对某个项

---

① 同济大学建筑与城市空间研究所、株式会社日本设计：《东京城市更新经验：城市再开发重大案例研究》，同济大学出版社2019年版，第200页。

目的不同评价很多。同时,城市更新的理论与实际也有脱节。人们通常注重将历史街区与建筑视为物质的原真性、社会的原生态等等,但多数人直接想到了目标和结果,很少有人想到实现目标与结果的路径,进行深度考量并付诸实践;说者很多,而提出现实方案的很少,真正对实际运作的问题、思想认识的统一、投入产出的平衡、动迁置换的矛盾、功能定位的思考等等很少。学者的研究和主张,各级政府的立场和作为,不同收入人群的认识和诉求,各种实施主体的取向和行动等等,也存在一定程度的分歧。

二、城市更新政策法规缺乏协调统一

上海城市更新的两大主要依据是2015年出台的《上海市城市更新实施办法》和2017年出台的《上海市城市更新规划土地实施细则》。这两项政策对部分规划政策和土地政策进行了重大调整,为城市更新项目的开展提供了重要政策支持。与此同时,上海同步开展城市更新试点工作,力求总结实际操作中的难点和痛点,为出台更精细化的政策,以及采用更适用于老旧建筑改造和旧区改造的技术规范和管理模式,提供实践经验。而近3年来出台的文件,诸如2017年出台的《关于加强本市经营性用地出让管理的若干规定》、2018年的《本市全面推进土地资源高质量利用的若干意见》《上海市旧住房拆除重建项目实施管理办法》、2020年印发的《上海市旧住房改造综合管理办法》等涉及城市更新板块的新政,呈现出分多条线各自运行的特征,针对城中村、旧住房、存量工业用地等不同对象的政策文件目标不同、实施路径不同、组织机构不同,并且与《实施办法》和《上海市城市更新规划土地实施细则》之间有重合和交叉的地方,缺乏系统整合。[①]

与发达国家相比,我国对历史建筑保护的立法力度和强度还不够,这是全国面上的共性问题之一。近年来,随着城市转型的加快,上海在努力

① 张铠斌:《上海城市更新制度建设的思考》,http://www.zcyj-sh.com/newsinfo/2304413.html。

推进法规制定、政策完善、机制创新的同时,也一直努力探索历史街区与建筑保护与更新工作的实际举措。但由于各种原因,目前还没有单独就历史街区与建筑更新的立法行动。然而,量大面宽的历史街区与建筑更新工作,需要全面、规范的政策引导,需要加强对支持政策的研究和落实。历史街区与建筑更新不仅需要政府的高度重视,还需要一套完善的政策、机制,能够吸引社会力量的参与,在税收、土地、经费等方面综合考虑,形成长效机制。

在过去,由于房屋是不拆除的,对历史街区与建筑的保护与利用,一般不适合采用拆迁方式。尽管《上海市历史文化风貌区和优秀历史建筑保护条例》第 32 条就有关问题出台了一些政策规定,但操作起来难度较大,可操作性不强,缺乏拆迁、置换等统一的安置办法和政策标准,亦缺乏政府裁决措施等。如果完全采用协议置换办法实施,动迁难度大、成本高,而且难以把握时间节点。自新的房屋征收细则颁布实施以来,对于历史街区与建筑的保护和利用,能否采取房屋征收方式,目前尚不确定,且由于拆迁政策惯性,也鲜从这方面寻求突破的事例。

建筑改性问题是历史街区与建筑保护与更新实践中存在的普遍性问题。随着社会经济的发展,历史街区与建筑的使用功能可能需要根据形势的发展而转变。然而,由于政策缺失,该项工作的开展还是较难。不过,随着社会经济的发展,与建筑使用功能转变相适应的相关政策还未有细则出台,同时由于涉及房地产产证变更、土地出让合同、居民意见统一、补土地差价等一系列问题,职能部门意见也不统一,较难跨出这一步。尤其是一些居住建筑的改性更会涉及较激烈的矛盾冲突,如底层居民希望改性为商业功能以增加租金收入,但楼上的居民因为不能获得任何好处并且给生活带来负面影响而不同意,因而居住建筑的破墙开店常常处于无序状态,相关部门也很难有所作为。

三、城市更新受制于城市规划方式及指标

城市更新所受制于的城市规划指标，包含补偿标准与建筑改造设计标准两个方面。在补偿标准方面，政府与开发主体之间就城市更新项目确定的奖励补偿标准不清晰，补偿对象、补偿依据、补偿范围均未能得以明确。例如，《上海市控制性详细规划技术准则》以及《上海市15分钟社区生活圈规划导则》提出奖励条件的主要依据是"居住社区级别"，而在《上海市城市更新规划土地实施细则》中又提出奖励条件的主要依据是公共活动中心区、历史风貌地区等"各类城市功能区域"。在实际项目中，不同城市功能区域究竟提倡何种功能、何种等级的公共要素并不明确，造成公共要素的调查和配备类型呈现趋同，难以体现对不同区域功能提升的支撑作用。

在建筑改造设计标准的设定方面，出于安全角度考虑，当前建筑的抗震等级、防火等级、通风、供暖等多项设计标准均较之前有了大幅度的提高，大部分的早期商业楼宇、工业建筑等，早已不符合当前的消防、抗震标准。而针对此类建筑的更新，当前还是采用一刀切的建筑改造判定标准，这深深困扰着开发主体与广大建筑设计师。此外，当前对于已完成的城市更新项目缺少技术规范和管理模式的经验总结，使得面临新项目时缺乏参考标准，导致类似问题重复出现却无法得到妥善解决。虽然《上海市城市更新规划土地实施细则》提出了有关公共要素可达性、便捷性等基本的设置要求，但仍然停留在原则性的表达，缺少直观、可操作的设计标准。不同更新项目所委托的设计方能力参差不齐，其后期的实施效果和实际使用效率难以保证。[①]

四、城市更新体制机制高效性和灵活性待提升

一方面，置换调整机制尚需完善。纵观目前一些历史街区与建筑的置

---

① 张铠斌：《上海城市更新制度建设的思考》。

换调整，还缺乏统一的组织领导和运作主体，力量比较分散；从运作模式上分析，置换调整主要采用协议置换方式，运作模式较为单一，操作难度大。因此，置换调整急需创新思路、完善机制，提出能切实推动历史街区与建筑置换调整的操作模式。另一方面，项目协调难度大。历史街区与建筑权属关系复杂多样，有公房、系统房、公房、系统房、私房合幢；使用单位也很复杂，有区属单位、市属单位、宗教单位等；项目开发涉及大量的历史街区与建筑，区域范围内地下管线、地铁、道路等大规模市政工程建设，涉及的市、区单位多，方方面面的关系非常复杂，协调难度大，各项目时间节点的把握难度高。这对项目管理提出了很高要求。

第七章
上海城市更新的思路及创新策略

城市更新不是简单、孤立的城市改造，而是城市作为一个整体的系统更新，需要公共部门、私人部门、地方社区和自愿部门多种力量的共同参与，最终实现城市经济利益、社会利益、生态效益的有机统一，不断提高城市发展质量和人民群众的生活品质。2021年《中共中央关于制定国民经济和社会发展第十四个五年规划和二〇三五年远景目标的建议》明确提出，要加快转变城市发展方式，统筹城市规划建设管理，实施城市更新行动，推动城市空间结构优化和品质提升。截至2021年底，中国的城市化水平已达到64.72%，中国城镇化进程从过去的"粗放式发展"进入"精细化运营"时代，城市更新将成为城市化发展的重点任务。在大规模推动城市二级旧里以下旧区改造基本完成的情况下，2022年是上海城市更新的全面启动之年，城市更新行动步伐在加快，新一轮的城市更新行动正在不断酝酿，文化特征凸显的有机渐进式更新特征更加显著。为此，本章重点对未来上海全面推进城市更新的政策、方法等提出相关思路和建议。

第一节　进一步创新城市更新工作理念

一、明晰城市更新的指导思想

根据国家住房和城乡建设部的要求，新时代城市更新的重点任务包括完善城市空间结构、实施城市生态修复和功能完善工程、强化城市历史文化保护塑造城市特色风貌、加强居住社区建设、推进新型城市基础设施建设、加强城镇老旧小区改造、增强城市防洪排涝能力、推进以县城为重要载体的城镇化建设等。实施城市更新行动，将着力解决“城市病”等突出问题，补齐基础设施和公共服务设施短板，提升城市品质，提高城市管理服务水平，让居民生活得更方便、更舒心。可见，城市更新既是城市推动高质量发展、增强城市硬实力和软实力的主要路径，更是改善居民生活品质、满足人民群众对美好生活需要的民生和民心工程。上海是一座拥有 2 000 多万人口的超大城市，根据“以亩产论英雄、以效益论英雄、以能耗论英雄、以环境论英雄”的发展导向和“人民城市”建设的总体要求，城市更新在推动经济高质量发展、让居民过上更高品质的美好生活方面具有很大的潜力，也承担着很大的任务，因此，城市更新工作要必须坚定不移贯彻新发展理念，重点强化树立以下指导思想：

第一，必须加强党对城市更新工作的领导。国家推行的城市更新行动，是党的十九届五中全会作出的重要战略部署，是“十四五”规划和 2035 年远景目标纲要明确的重大工程项目，是适应城市发展新形势、推动城市高质量发展的必然要求，也是深入推进以人为核心的新型城镇化的重要路径。上海的城市更新工作，要深入学习贯彻习近平总书记关于城市是生命有机体、城市精细化管理、保护城市历史文化遗产等重要论述和精神，全面加强党的领导在城市更新中的统筹领导作用，发挥党总揽全局、协调各方的领导核心作用，建立健全党委统一领导、党政齐抓共管的城市更新工作格局，顺应城市发展规律，因地制宜、分类施策，积极稳妥地推进城市更新行动，防止城市更新变形走样。第二，必须坚持以人民为中心、建设人民城市的发展思想。要坚持人民城市人民建、人民城市为人民的“人民城市”理念，尊重人民群众意愿，要回应市民的关切，关注民生改善，聚焦城市发展中的适老化改造和无障碍设施建设、健全城市防洪排涝体系、增加公共体育活动场地、历史文化遗产保护等居民急难愁盼的民生短板和难题，大力开展渐进式、小规模、精细化的有机更新和微改造，加快建设宜居、绿色、韧性、智慧、人文城市，更好满足人民群众对城市宜居生活的新期待，创造优良人居环境，不断实现人民对美好城市生活的向往，让人民群众在城市生活得更方便、更舒心、更美好。第三，必须坚定不移贯彻新发展理念。要转变城市发展方式，将创新、协调、绿色、开放、共享的新发展理念贯穿实施城市更新行动的全过程和各方面，推动城市实现更高质量、更有效率、更加公平、更可持续、更为安全的发展。第四，必须坚持思想解放，不断创新，促使全社会对城市更新工作达成基本共识。政府管理部门要在决策、管理、操作等层面创新思维，开发商要承担起应有的社会责任，居民要树立应有的人文遗产保护意识和觉悟，专家学者要摒弃自身利益和立场的羁绊，站在全局和全民的角度研究问题，政府部门、社区人士，抑或是在文化领域的学者、专家、艺术家，需要在"是否要保护""为什么要保护""哪些要保护""如何开展保护"等方面达成一些基本共识，而不是各说各话、各行其是。只有大家思想认识基本一致了，才能有一个基本的方向，才能形成众志成城的工作效果。

二、遵循城市更新的基本原则

从现在来看，城市更新最大的挑战是确保所有公共和非公共政策都按照可持续发展的原则来运行。英国学者豪斯纳就强调，城市更新存在内在的弱点，"通常是短期的、零散的、先入为主的和项目导向的，缺少一个城市整体发展的战略纲要"①。鉴于城市更新是对城市发展所产生问题的反应，一般而言，城市更新通常应当遵循如下原则：城市更新应该建立在对城市地区条件进行详细分析的基础上；城市更新应该以同时适应城市地区的形体结构、社会结构、经济基础和环境条件为目标；城市更新应该通过综合协调

---

① V. A. Hausner: "The future of urban development," in *Royal Society of Arts Journal*, 1993, 141(5441): 523—533.

的、统筹兼顾的战略制定和执行,努力实现同时适应城市地区的形体结构、社会结构、经济基础和环境条件的任务,这种战略以统筹协调和促进的方式来处理城市地区的问题;城市更新应该确保按照可持续发展的目标来制定战略和相关的执行项目;城市更新应该建立清晰的执行目标,这类目标应当尽可能地定量化;城市更新应该尽可能地利用好自然、经济、人力和其他资源,包括土地和现存的建筑环境;城市更新应该通过最完全的参与和所有利益相关者的合作,寻求一致,例如通过合作或其他形式的工作模式实现;城市更新应该认识到定量管理实现战略过程的重要性,这类战略通过若干精确的目标而逐步展开,监控城市地区内部和外部力量的变化性质和影响;城市更新应该接受对初始设计的项目作出调整的可能性,以便适应变化;城市更新应该认识到多种战略因素可能导致开发过程处于不同的速度,这种现实可能要求重新分配资源或增加新的资源,以便在城市更新计划中要实现的目标之间获得一个平衡,实现全部的战略目标。综上所述,从不同角度而言,上海城市更新工作需要确立四个方面的基本态度和原则,即有别、有情、有序和有机。

(1) 从保护与更新的方式、规模和标准的角度而言,城市更新应坚持有别原则。对于历史建筑保护和城市更新改造,我们要贯彻积极保护、严格保护的原则,但要在保护等级上有差别,在保护规模上有限度,在保护标准上有限定。同时,我们不可对全部历史街区、历史建筑都采用某一种保护与更新模式,而应该对具体问题进行具体分析,实现多层次、多方式、多元化的保护与更新。历史在演进,时代在发展,尽管自然法则往往会自然而然地对历史事物起作用,保护与更新工作也要循序渐进、与时俱进,可适当保留一些作为文化遗产,甚至还要努力营造一定比例的原物质形态、社会生态和生活状态。当然,文化很重要,民生和发展也很重要,所以城市更新也要以人为本、兼顾发展。历史街区和历史建筑是一定要好好保护的,但保护也不是放任自流,也不应一管就死,走极端只会起到消极的作用。对历史街区和历史建筑要强调保护，也要强调对部分不适宜居住、不具有历史文化价值的历史建筑和街区进行更新，还要将对未来有所启发、优秀的历史文化和城市精神不断传承。

(2) 从尊重居民、尊重历史、尊重现实的角度而言，城市更新应坚持有情原则。第一是充分尊重居民。长年居住在历史街区和历史建筑中的居民，有强烈的故土情结，但也有强烈的改善居住生活条件的愿望，以及强烈的利益诉求，只有以人为本，充分尊重和理解居民，尽可能满足其合理诉求，征收、置换、抽户才能进行，保护、利用才能实现。第二是充分尊重现实。现实往往有很多影响因素，如直接影响征收、置换的房地产市场行情，土地、征收、权籍等基本国策，实际操作中的计划、节奏等等，其中很多因素不以个人的意志为转移，因此保护与更新只能是循序渐进，成熟一个，实施一个。第三是充分尊重历史。优秀历史建筑的原物原貌，包括室内外空间格局、环境、材料、色彩、尺度等等，记载了好几个时代的历史信息，不应轻易破坏或损坏，能够保持的就尽量保持，从某种意义上讲，尊重历史也就是尊重未来。

(3) 从保护更新的规划实施和具体操作的角度而言，城市更新应坚持有序原则。城市更新是一个复杂的综合系统，它涉及社会效益、经济效益、环境效益、文化效益等多方面的平衡和完善，关系到政府部门、开发商和原居民的利益分配，其影响因素复杂而繁多。因此，尽管如今已经很难做到完整保护，但城市更新仍要坚持系统性和有序性原则，在保护布局及其结构上要总体安排室内与室外、单体与群体、区内与周边、有形与无形、物质与文化等等，有必要进行系统性地把握和运筹。只有在系统性的基础上，才能够做到多样而有序；只有多样化并有序开展，历史街区和建筑的保护与利用才能显示出其活力、张力、生命力和创造力。

(4) 从历史街区和建筑的社会人文和城市精神的角度，城市更新应坚持有机原则。有机保护与更新意味着该项工作上升到风貌、功能、社会和精神层面,不仅仅保护作为物质的建筑,还应该保护作为整体的历史风貌(包括空城市形态、社会生态、商业业态、文化神态),保护作为物质使用方式的历史建筑功能,保护作为蕴涵在历史建筑物质里的营造技艺、历史记忆、城市精神、文化情感和社会网络。只有开展有机保护,才不会损害城市空间机理、割裂过去和未来、分隔不同社会人群、破坏有机的社会肌体,真正做到见物见人见精神。要有机保护作为社会载体的历史街区和建筑,就要精心研究历史街区和建筑的演进机理,真正理解其社会人文内涵,真正明确其核心价值理念,真正确立历史街区和建筑保护的方向,从整体上发掘、提升、再造体现繁荣繁华、展现活力魅力的世界级大都市的历史街区。

三、积极实施有机的社会型城市更新

城市更新是一个外来词汇,是欧美国家在城市化发展的不同阶段,为了解决城市中心区衰落或城市功能转型升级等特定问题而采取的一些公共政策,其不同发展时期具有不同的称谓及主导思想。例如从时间轴上来看,欧美国家的城市更新经历了城市复苏(urban revitalization)、城市更新(urban renewal)、城市再开发(urban redevelopment)、城市再生(urban regeneration)、城市复兴(urban renaissance)等不同阶段①,尽管各个时期的关注点不尽一致,叫法也不一,但城市更新改造的一些基本理念和目标是一致的,主要包括改善物质居住环境和生活质量、防止经济社会功能衰退、恢复社区功能活力、注重公众参与和人际互动、保存城市历史和文脉等。总之,物质空间改造与人的生活质量改造并重、硬件改建与软件再造并重、经济效益与社会效益并重,是西方国家城市更新的普遍经验和做法。与侧重经济利益、大规模经济型旧区改造相比较,我们将这种做法统称为"社会型城市更新",也就是指从城市转型发展的阶段特征出发,以促进城市居民发展为导向、以

① 倪慧、阳建强:《当代西欧城市更新的特点与趋势分析》,载《现代城市研究》2007 年第 6 期,第 19—26 页。

改善生活质量为导向、以储存城市文化为导向,依靠多元化的开发机制,实现城市局部或整体物质环境改善和功能转型升级的一种综合性城市复兴与重建策略,旨在追求社会效应、经济效益、生态效益的有机统一(表7.1)。

表7.1　经济型旧区改造与社会型城市更新的主要区别

	经济型旧区改造	社会型城市更新
对象	以破旧居住区为主	旧住宅区、旧厂房、旧建筑、旧街区等多元区域乃至整个城市
受众范围	旧居住区居民(局部参与)	全市市民乃至全国民众(全面参与)
目的	改善居住条件,获取税收等经济利润	改善生活质量,获取经济和社会效益,促进城市功能转型
方式	以拆为主	拆建、改建、保留、保护
实施机制	以政府为主	政府和私人市场合作完成
结果	代之以新型的商业设施和房地产	建设创意产业园区,发扬城市文化储存器功能

从城市人类社会发展的视角来看,社会型城市更新至少追求四个发展目标:第一,从本质上看,社会型城市更新并不是一种单纯的保护性战略,而更是一种城市拓展与提升战略,旨在实现城市局部或整体功能的替代与升级,推动城市发展方式转型,完善城市功能,以获取更多的发展机会;第二,从动力上来看,社会型城市更新的驱动力是全方位的,既有本国的,又有全球的,既有中央的,又有地方的,比较复杂多元,这表明社会型城市更新更应该具有灵活性、多样性和效率性;第三,从效应上来看,社会型城市更新不仅是一项旨在改变旧城区民众生活质量的民生事业,更是一项促进社会资源公平分配、创造发展机会、促进社会融合、构筑低碳宜居新空间、提升城市文化品质、保存社会关系网络等多元目的的综合系统工程,单纯实现经济增长、房地产开发和商业利润,并不是社会型城市更新的成功标准。社会型城市更新的内在逻辑关系如图7.1所示。

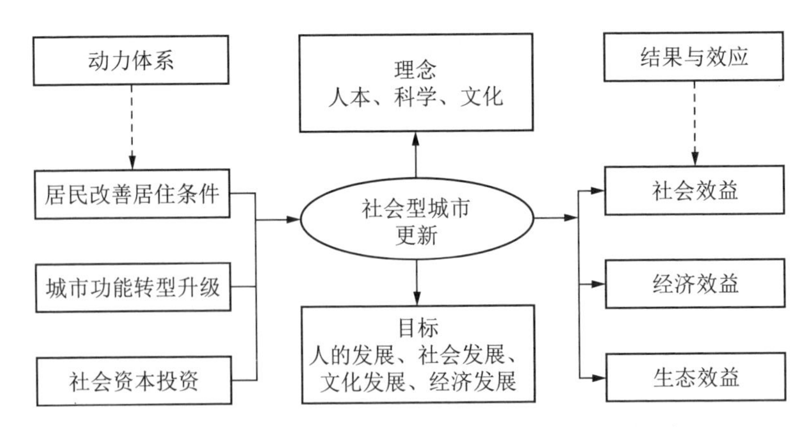

图 7.1　社会型城市更新的内在逻辑关系与运作机制示意图

综上,我们认为,未来上海的城市更新工作,就要以努力建设人民城市为根本遵循,从贯彻落实新发展理念、构建新发展格局、推动城市高质量发展的角度出发,深刻领会实施城市更新行动的丰富内涵和重要意义,将建设重点由房地产主导的增量建设逐步转向以提升城市品质为主的存量提质改造,全方位实施人、城、物有机结合的"社会型城市更新",更加注重经济、社会、环境、文化等多目标的综合性更新,及时回应群众关切,补齐基础设施和公共服务设施短板,推动城市结构调整优化和品质提升,转变城市开发建设方式,全面提升城市发展质量,不断满足人民群众日益增长的美好生活需要,促进经济社会持续健康发展。具体而言,实施这一新型的城市更新方略,重点要突出以下几个思路的转变:在发展理念方面,要从侧重硬件环境建设向侧重改善人的生活质量转变;在改造方式方面,要全面推动单一的"破旧立新"式改造向"留改拆"并举转变;在城市功能效益方面,要推动从单纯的房地产、商业开发向完善城市功能、促进城市产业升级、保存城市文化等多功能更新转变;在社会目标方面,要推动从社会排斥性改造向社会包容性、活力型改造转变。总之,我们要通过城市更新,不断创造城市新的经济增长点、提升城市能级和综合竞争力,实现城市经济持续繁荣发展、空间结构合理高效、社会公平包容、生态清朗优美、城市治理协同高效等综合目标的有机统一，走出一条符合超大城市经济社会发展规律的高质量发展、共建共治共享的更新发展之路。

第二节　继续创新完善城市更新体制机制

一、建立健全市区两级统筹协调体系

根据《上海市城市更新条例》的最新规定，该条例就全市城市更新的组织领导体制对多个相关职能部门作出了较为明确的职责分工（表 7.2），同时设立了城市更新中心和专家委员会，建立健全公众参与机制，建立统一城市更新信息系统，提出了具有一定前瞻性的设想举措。但在实践中，在“市区联手、以区为主、政企合作”的城市更新模式下，除了完善市级层面的城市更新组织架构、整合市属国企力量外，上下对接、联动协同，继续完善区级层面的城市更新组织领导体系，是更好推动全市城市更新工作的重要组织保障。也正是因为城市更新组织体系中相关部门之间缺乏上下左右的统筹协调机制，一些更新项目在运行中面临着立项难、审批难、建设难的问题，一些中心城区在推动历史风貌区保护和旧区改造中也面临较大的体制瓶颈。为此，我们建议进一步建立健全市区两级城市更新的运行管理体制，组建市区两级城市更新联席会议机制，进一步释放和发挥上海城市更新的制度建设优势和效应。

（1）以上海市城市更新和旧区改造工作领导小组为基础，成立“市城市更新管理委员会”，主要由市发改委牵头，由建管委、资源规划局、财政局、文保局等部门协同办公，整合分散在多个部门中的城市更新职能，避免部门之间的政策壁垒，统筹领导和负责上海市城市更新方面的总体规划、审批和管理工作。市城市更新管理委员会的主要职责有三项：一是负责综合研判并确定城市更新区域的总体功能定位、规划审批、标准制定、政策创新等，二是

表 7.2 《上海市城市更新条例》的体制安排

工作机制对比		
部　门	职　　责	
	2015 年《上海市旧区改造实施办法》	2021 年《上海市城市更新条例》
市政府	负责领导全市城市更新工作，对全市城市更新工作涉及的重大事项进行决策。办公室设在市规划国土资源主管部门。	建立城市更新协调推进机制，统筹、协调全市城市更新工作，并研究、审议重大事项。办公室设在市住房城乡建设管理部门。
规划资源部门	负责协调全市城市更新的日常管理工作，依法制定城市更新规划土地实施细则，编制相关技术和管理规范，推进城市更新的实施。	组织编制城市更新指引，推进产业、商业商办、市政基础设施和公共服务设施等城市更新相关工作，承担城市更新有关规划、土地管理职责。
住房城乡建设管理部门	无	推进旧区改造、旧住房更新、"城中村"改造等城市更新相关工作，承担城市更新项目的建设管理职责。
经济信息化部门	无	根据本市产业发展布局，组织、协调、指导重点产业发展区域的城市更新相关工作。
商务部门	无	根据本市商业发展规划，协调、指导重点商业商办设施的城市更新相关工作。
区政府	推进本行政区城市更新工作的主体。应当指定相应部门作为专门的组织实施机构，具体负责组织、协调、督促和管理城市更新工作。	含市政府派出机构的特定地区管理委员会，推进本辖区城市更新工作的主体，负责组织、协调和管理辖区内城市更新工作。
城市更新中心	无	参与相关规划编制、政策制定、旧区改造、旧住房更新以及承担市人民政府确定的其他城市更新相关工作。
专家委员会	无	开展城市更新有关活动的评审、论证等工作，并为政府的决策提供咨询意见。
统一信息平台	无	建立全市统一的城市更新信息系统，通过信息系统向社会公布相关文件、方案、标准等。依托城市更新信息系统，为城市更新项目的实施和全生命周期管理提供服务保障。

资料来源：佚名：《〈上海市城市更新条例〉通过｜十大亮点解读｜对比〈实施办法〉》，https://mp.weixin.qq.com/s/SQjeRosdY9qVky_3AqjWMw。

通过部门协同提高历史风貌保护、旧区改造、城市更新项目的审批推进效率，三是作为政策的专业咨询机构，为政府不断优化城市更新政策提供整体性政策咨询建议。

（2）设立“区城市更新中心”。在市政府相关部门继续加大对“上海市城市更新管理中心”赋权赋能的同时，上海市应在全市各区积极设立“区城市更新中心”，搭建区征收部门、规划部门和开发主体之间的协调沟通平台，积极引进市场化、标杆性企业参与不同类型地块的功能开发，培育形成各具特色的城市更新专业化运营团队，提高城市开发建设的品质，提升城市土地开发利用效率。具体而言，区城市更新中心作为区政府实施城市更新的实体单位，一是要负责制定工作规程，及时协调处理各方意见；二是要负责多方筹措风貌保护与旧改资金，吸收社会资金，落实资金匹配；三是要负责创新管理体制，积极引进企业化运作，以与社会企业“合作”模式代替“租售”模式，实现政府与企业的双赢，并要围绕城市更新实施在相关主管部门之间建立统一协调审批流程与机制，解决政策落地的“最后一公里”问题。

（3）实施城市更新分区控制与指引。我们建议借鉴深圳、汕头模式，按照功能指引和开发强度等要求，对城市更新地区进行分区控制与指引，如分为重建类、功能改变类、综合整治类、复合式等，且对各更新模式分别设定相应的规划设计和审批程序，减少繁复冗长的程序，以激发市场热情，加快推进城市更新。

二、建立健全全方位社会参与机制

（1）健全企业参与城市更新机制。健全企业参与历史风貌保护与改造工作的相关机制，使企业的意见和建议能够顺利进入规划和项目执行等关键阶段的决策议程。针对一些中心城区历史风貌保护、旧区改造、城市更新“存量多、压力大、任务重”的现状，建议市区联手，会同市属功能性企业，组建以城市更新、旧区改造为核心内容的区级城市更新平台公司，全方位参与旧区改造工作。政府也可以考虑依托于平台公司，允许相关企业前置参与，在规划编制阶段邀请开发企业共同参与，鼓励开发企业对城市设计、建筑管理、产业功能、社会事业、公共安全和居住需求等各个方面进行深入调研，提出既有顶层指导意义又接地气的改造方案，带方案参与竞标和开发，提高风貌保护和改造的精准度，并提高规划的可行性。这将有利于加强政府部门在具体项目的建设时序、建设资金、时间成本等方面的可控性。此外，建议通过制定具体实施细则、条例解释文件等方式，加强政府监管部门对城市更新项目的全过程管理，也让市场主体在参与城市更新工作时有法可遵、有理可依、有的放矢。这需要遵循“政府主导、市场运作”的原则，促进市场运营主体与市属国企和地方平台联动的运作模式，实现优势互补。

(2) 发挥街道参与社区更新规划的积极性。建议进一步发挥街道、居委等基层组织在区域规划、城市更新规划中的作用，促使其结合各街道特点明确社区发展定位，对辖区内历史风貌保护地块和零星旧改地块进行全面排摸，结合居民的实际需求，提出公共服务设施和公建配套设施（如开放空间、公共绿地等）的规划需求，加强与区职能部门的沟通，争取专业部门和专家的技术支持，并由街道将所属范围内的零星地块进行统一打包报批，经各相关部门核批后牵头组织实施。

(3) 畅通社会力量参与渠道。由于旧区改造、城市更新会触及居民以及多个相关利益主体的切身利益，解决好利益平衡问题的关键是要形成沟通平台、协调机制和参与模式。建议政府出台相关政策，依托社区规划，借助政策、措施引导公众参与，广泛征集社会各方意见；政府也需要改变以往听取专家学者意见多于社区使用者、开发建设者、运营管理者的做法，建立完备的听证会制度，最大程度地听取民众意见，收集、采纳居民群众、基层工作者、代表委员、政府相关部门、实施单位、第三方机构对规划编制提出的意见建议，从城市设计、建筑管理、产业功能、社会事业、公共安全和幸福指数等各个方面进行深入调研,提出既有顶层设计又接地气的改造方案。

(4) 探索社会智库支持机制。历史风貌保护及旧区改造涉及城市规划、社区管理、居民关系重建与利益博弈等多个议题,其中物理空间改造方面较多,是一项系统性的工程,需要规划学、社会学、管理学、政治学以及经济学等相关领域的专家共同参与决策。因此,建议组建历史风貌保护、旧区改造及城市更新专家委员会,从专业角度为风貌保护与改造提供全面的意见和方案,使老城厢历史风貌保护及旧区改造能够兼顾硬环境与软环境两个方面,并为后续的社区管理和治理奠定基础,促进项目的可持续发展。

三、继续探索有效的城市更新融资新机制

城市更新项目通常是将一整个片区进行整体更新改造,因此项目的体量是非常大的,常常是传统的棚户区改造项目的几倍之巨,且相当大一部分的资金都将用于现有居民或商户的拆迁补偿与安置,资金需要提前筹措到位。因此,城市更新项目需要多渠道的资金来源,综合使用资金,才能满足项目改造过程中的实施需求。前文已经指出,在住房市场化、房价高企的背景下,不管是旧区改造,还是城市更新项目,普遍面临着融资难、资金难以平衡的困境和问题。很显然,上海已经设立的总资金规模达 800 亿元的城市更新基金,对缓解旧区改造、城市更新的资金问题带来了巨大帮助,但面对未来面大量广的城市更新项目,该基金仍无法从根本上彻底解决资金平衡问题。因此,在后续的配套融资中,继续加大探索旧区改造、城市更新的银行贷款,开发各类债券产品等融资模式,吸引更多社会资本参与城市更新,是一项十分重要的常规工作。具体而言,在未来的城市更新融资机制建设中,上海可以尝试以下融资渠道和办法:

(1) 促进金融支持。上海可以尝试让功能国企与银行间加强银企战略

合作,建立旧区改造和城市更新资金保障机制,打通贷款审批通道,争取最优贷款条件,加强资金成本管控。

(2) 探索放开容积率限制。目前,上海中心城区的容积率平均只有2.0。相比纽约曼哈顿中城区CBD的13.6平均容积率、东京丸之内的11.3平均容积率[①],上海的土地资源利用效益还有很大的差距。近年来,深圳依据《深圳市城市更新单元规划容积率审查规定》,对应相关的城市规划层次,采用补充和“镶嵌”的方法纳入更新规划管理的目标和需求。改革试点后的深圳城市更新项目平均容积率为8.2,相比试点前的6.3,提升幅度为约30%。为此,建议有关部门结合旧改实际,打破中心城区居住区建设项目容积率指标的束缚,在条件允许的前提下,适当提高旧改地块规划容积率,这是实现旧改项目资金平衡最直接、有效的措施之一。建议上海出台相关文件规定容积率奖励的条件、转移的方式、地价转换方式以及建筑限高适度突破的办法等,明确奖励标准和转移细则,推动容积率政策的落地。[②]在老城厢旧区等不能放开容积率的区域,如对于非重点文物保护单位的老城厢私房,建议允许企业通过多种方式进行成套率改造,并对此类房屋放开价格限制,以此盘活社会资本参与老城厢的私房更新与保护。

(3) 组织开展专题研究,打破行政区划的限制,进一步拓宽“成本平衡组合”思路,推动旧改亏损地块与周边旧改盈利地块的跨政区组合、跨用途地块的组合,实现组合地块双方利益的双赢,最大限度地发挥地块“组合”的成本平衡效应。

(4) 加大对旧改项目减税、让利和财政补贴力度,大幅度降低旧改项目成本。[③]

---

① 上海市城市创新经济研究中心:《纽约、伦敦、东京无法解决的问题,上海是如何做到的?》,https://www.sohu.com/a/336909995_748530。

② 施建刚:《积极引入社会资本参与上海旧区改造》,载《科学发展》2020年第3期,第98—107页。

③ 杨华凯:《上海旧区改造项目资金平衡的对策》,载《科学发展》2020年第5期,第104—108页。

第三节　拓展创新城市更新的独特模式

一、因地制宜实施多元的城市更新模式

上海未来的城市更新，如果以建筑拆除不拆除、功能调整不调整、居民离开不离开、产权变更不变更等标准分类，大致存在企业运作商务型开发、企业运作商业化开发、政府回购公益性利用、居民独立出租软改造、居民作价入股软改造、企业运作回归式更新、政府回租市场化出租、政府回购市场化出租、政府回购市场化拍卖、居民抽户疏解软改造、政府主导原真性维持等十多种历史街区和建筑保护与利用的方式(也可称其为模式)。这些方式根据不同分类标准组合而成，一部分在现实中已存在实例，一部分截至目前尚无实例。但在这些组合中，我们可以受到很多启发，为未来创新机制、完善政策打下基础。实际上在这些模式的细化或延伸中，还可以衍生更多具有细微变化的方式或模式，以营造百花齐放的历史街区和建筑保护与利用环境和氛围(当然，以社会化、市场化、私有化为改革方向是基础条件)。

不管是采用哪种更新改造模式，都要努力创新运作模式，如采取国企产权方、市场化运营方以及地方政府参与投资合作，这种优势互补的结合，能凸显市场化、专业化和品牌化的特点，往往能将城市更新做得更加有声有色。

二、努力推行城市更新中就近安置模式

在20世纪90年代以来上海实施的大规模城市旧区改造更新中，就对当地居民的安置方式而言，由于房地产开发对级差地租的追求导致城市更新中少有原地回迁，异地安置逐步成为旧改中的主要安置模式。但是，异地安置一般是在城市边缘地区或郊区采取大型居住区的形式，交通、教育、医

疗等配套设施严重不足,也带来了许多城市治理上的问题。因此,上海后来又探索形成了包括异地安置、货币化安置、原地安置(拆落地)、就近安置等多元化的安置模式,但受条件所限,就近安置、原地安置的比例依然很小。如今的城市更新应以人为本,更加关注城市弱势群体的利益及其多元的空间需求,应当给予居民多样的安置方式以供选择,而就近安置正是对传统异地安置模式的一种补充,也是居民满意度较高的一种安置模式。2021 年住建部《关于在实施城市更新行动中防止大拆大建问题的通知》中明确提出应以内涵集约、绿色低碳发展为路径,严管大拆大建与大规模搬迁,坚持“留改拆”并举,鼓励以就地、就近安置为主;《上海市城市更新条例》进一步强调以保留、保护为主,遵循民生优先的重要原则,将居民满意度作为重要的更新效果度量标准。因此,建议在未来的更新工作中,以公众满意评价及相关意见为依据,进一步优化居民安置模式,积极推广原地安置和就近安置模式。在此过程中,要针对旧改或更新区域低收入群体的实际情况,优化房屋结构设计,加大安置区域的公共设施、公共交通、公共空间、就业岗位等体系的高质量配给,保障好就近安置居民的就业、工作和生活,切实提升居民特别是弱势群体的参与度和认同感。①

三、探索城市更新的“特区”运行制度

随着城市更新工作的全新启动,上海将会有越来越多的城市空间和老旧建筑进入大规模、跨越式的更新改造阶段。不过受条件所限,这种城市更新行动也不可能全面铺开,必须聚焦于一些重点区域和领域。但上海的更新实践表明,在城市更新中普遍存在一种平均主义的资源配置模式,它致使一些最能代表城市能级和竞争实力的重点区域,如陆家嘴、虹桥商务区等区域,在城市布局、容量、公共交通支撑等方面远未达到定型程度,与国际对标

---

① 姚栋、杨挺、孙婉桐、王瑶:《城市更新中就近安置的居民满意度评价——以上海河间路保障房项目为例》,载《中国名城》2022 年第 2 期,第 66—75 页。

案例相比，后发潜能巨大。综观国内外发达城市的经验，设立城市更新特区，实现城市发展模式的创新是一个重要经验。为此，建议上海在未来的城市更新过程中，对标国际发达城市最具有竞争力的城市重点区域标准，在全市范围内普遍建立并明确划定城市更新特区，采取特别机构、特别管理办法、特别支持政策等特区途径，在顶层设计、实施力度等方面给予超常规的支持、提出超常规的要求，最大限度地开展该区域范围内的布局优化和新模式城市更新项目，超常规推行公开透明、科学合理的城市更新新模式，全方位一揽子解决城市更新面临的规划、交通、容积率、地下空间、消防、公房制度、历史保护等综合性问题，不断激发释放这些特定区域范围内土地资源高效率利用、高质量发展的潜能，推动城市走向以“亩均产出论英雄”的高能级、内涵式发展之路。在这些特区的更新制度成熟以后，可以不断向全市其他区域进行复制推广，带动全市走向更高质量、更富效率的更新发展。

第四节　着力推进历史街区和建筑的保护更新

一、建立透明的决策管理体制

(1) 制定规章制度。与发达国家相比，总体上，我国在历史建筑保护方面的立法力度和执法强度还有差距，政策法规的空间还比较大。尤其是历史建筑这样的单项保护，需要专题立法行动予以支撑，或者单独就此出台规范性文件(如《关于加强本市历史建筑保护与改造工作实施意见》)，就指导原则、保护规模、更新方式、资金来源、角色定位等行政举措进行明确。当然，这些立法和决策的过程必须符合司法和行政的基本程序，需要实现公开、公正、公平的社会目标，需要决策者从全球的广度、历史的深度、战略的高度、人文的维度进行综合考量和决策，往往需要很长时间和精心准备。目前，总体上看，出台政策文件的时机和条件逐渐成熟。因此，建议出台一个或多个指导性文件,或者围绕历史建筑的保护、改造、更新出台贯彻落实条例的实施细则。

(2) 确定职能主体。要明确政府、企业、居民等在历史街区和建筑保护与改造中的角色。政府要积极开展政策引导、机制引导、舆论引导、规划引导,将历史街区和建筑保护与住房保障结合起来,切实解决民生问题;将保护与区域发展结合起来,真正实现文化规划"两不误";将保护与精神文明建设结合起来,保存历史记忆,传承历史文化,弘扬城市精神。企业要积极发挥作用,在政策引导下,建立起历史责任感,规避急功近利行为,支持、配合保护工作,创新城市更新方式,予开发利用于保护。居民要理解历史文化保护的必要性和重要意义,在获得利益补偿、享受城市发展成果的同时,积极配合历史建筑和历史风貌保护工作,共同营造和维护和谐、发展、繁荣的老城。另外,政府还要建立优秀历史建筑评价专家委员会,具体负责制定评价标准,明确保护清单,必要时还要进行特别论证。这个委员会要有权威性和独立性,建立公开、公正、公平的评定机制,形成一套行之有效的监督、指导、协调、推进工作办法,为辅助政府决策打下坚实的基础。

(3) 建立协作机制。建立一个有利于历史街区和建筑保护的分工协作平台和机制,如文物、财政、税务、银行、企业集团等,以及规划、土地、市容等部门之间,搭建一个统筹决策和工作平台。充分发挥市历史风貌区和优秀历史建筑保护委员会的统筹协调作用。

二、建立科学的评价体系和目标

(1) 摸清现状底数。摸清历史街区和建筑的底数,就是要摸清目前尚存的历史街区和建筑的数量,不同类型历史街区和建筑的构成情况、分布情况、建筑状况和使用情况,以及将来值得加以保护、更新、利用的价值与潜质,等等。除此之外,还要重点梳理两部分内容:一是按规划或规定必须进行保护的历史街区和建筑,这需要按照既定规划和规定,加大政策支持和机制创新力度，研究如何加快推进保护与更新的办法，尤其是要重点梳理文物保护单位、优秀历史建筑和风貌保护区内的居住建筑。二是要对没有列入保护范围（或挂牌）的历史街区和建筑进行重点分析，其中既包括土地已出让且修详已编制已审批的、土地已出让但修详未编制未审批的（重点梳理已取得土地、立项的建设项目）、土地未出让且修详未编制未审批的（重点梳理具有保护价值但暂未明确保护的历史街区和建筑）等多种可能性情况。其中关键是后两种类型，其保护与否、保护方式如何、保护程度大小等尚处于不确定状态，还有一定争取空间，要尽快明确改造方式，以避免贻误时机。

（2）明确保护目标。首先，需要明确数量目标，即在总体上的建筑规模、占地规模、幢数规模、户数规模等指标上，需要有一个总量上的把握，既要符合未来对于历史文化和环境品位的需要，也要符合人们在经济发展和民生改善方面的要求，最终要在社会、经济、文化、环境之间达到一种均衡。对于那些真正有价值的历史街区和建筑，要非常务实地进行确认并加以保护；对于保护价值有限而改善民生紧迫的历史街区和建筑，要实事求是地加以甄别并科学选择实施方案。其次，需要明确实效目标，理想的实效目标是历史街区和建筑内社会民生得以改善、投入产出得以均衡、地区经济得以发展、历史文化得以彰显、环境品位得以提升。但真正要实现这一目标，并不是一件容易的事，往往需要在社会、经济、文化、环境等多个方面进行权衡。因为在现实中，不同改造模式的价值取向和发展路径具有一定差异，以至于其实践的社会反响和价值评价均有所不同，而这些不同的关键在于诠释者的角度不同。再次，需要实现功能目标，即需要保持原生态、用于居住的，也需要进行商业开发、用于经营的，还需要多元化发展、用于其他使用的，总体上需要百花齐放，既兼顾历史原貌，又复兴上海旧城，实现繁荣和繁华，体现国际化大都市的活力和创造力；而在保护的结构上，也需要综合平衡，把握代表性、文化性、地域性、特色性。

（3）制定评定标准。这里的标准即进入优秀历史建筑名单的标准。在资金、资源比较有限的情况下,就什么样的历史街区和建筑才值得尽快保护这一问题,需要制定一个比较合适的标准。这个标准要从物质(房龄、结构、材料、风格、总体、室外、室内、设计者等)、空间(公共空间、半公共空间、私密空间等)、功能(居住、商业、文化、作坊等)、居民(革命家、文学家、普通市民)以及历史价值、历史意义和代表性等方面进行综合考量。这个标准的明确,在确定保护清单时需要,在一事一议、个案分析时需要,在具体更新时更加需要。有了标准,才能够准确回答"为什么保护""保护什么""如何保护"等等问题。

三、拟定保护清单和支持政策

(1) 审定保护清单。比起界定一个历史风貌保护区来说,单独审定一批优秀历史建筑(属于优秀历史建筑系列)可能更加符合实际。因为从目前来看,历史街区和建筑已然无法大范围保护,而只能按区域甚至地块进行实事求是的鉴别和明确,这就使审定优秀历史建筑的形式成为可能。这可能会对各区既有的发展计划、各有关开发商既有的开发计划以及相关地区的既有规划产生影响,需要协调方方面面的利益,达成一致共识。过程中,要将当下能够明确的历史街区和建筑保护与改造区域囊括其中,同时对不同建设年代、不同建筑类别、不同设计风格、不同使用性质、不同地理区域、不同布局形式等等进行综合平衡,力使每一种情况都能在历史中留下记忆。

(2) 明确配套政策。在开展这些保护和更新项目时,摆在政府或开发企业面前的是风险如何、收益如何、资金从何而来、项目何以推进、政策何以保障等等现实问题,而明确有关政策可以为系统解决历史街区和建筑的保护、更新、利用所涉及的土地、规划、立项、征收、税收、权籍等现实问题提供一系列指导意见。因此,建议在制定实施意见的基础上,出台《上海市历史街区和建筑保护暂行办法》(或技术规定),就规划、计划、实施、管理等具体问题进行明确,如明确渐进更新模式中如何解决规划改性、破墙开店、消防审批、租赁管制等政策问题，以及明确维持原生态模式中如何衔接抽户插户、安置补偿、资金筹措、政府补贴、住房保障等政策问题。

另外，配套政策需要就历史街区和建筑保护更新中的一些问题作出回答，譬如以下若干个方面：

> 是否可以在使用就近配套商品房方面有一定政策倾斜（老城区居民长期居住于此，出于维系故土情结与维系社会网络的需要，有一定的合理性）；
>
> 是否可以在置换或解除租赁关系中使用强制性措施（对于公益性很强的历史保护项目，如果没有行之有效的策略，将面临巨大社会风险和经济风险）；
>
> 是否要制定历史街区和建筑保护实施规划和计划；
>
> 是否可以借鉴国外历史街区和建筑使用权（或所有权）作价入股合作利用、使用权或管理权招拍挂等灵活体制；
>
> 是否可以探索“拆一块、保一块、贴一块”的土地捆绑机制和容积率转让等规划审批机制；
>
> 是否可以结合使用权和保护义务并建立权责利捆绑机制（买断使用权）；
>
> 是否可以采取现状出让、邀请招标的土地管理方式进行保护；
>
> 是否动迁政策一定仅适用于拆落地（如果只能在“建筑灭失”的前提下才能进行动迁，就很难切实保护历史文化）；
>
> 是否可以吸收和引导有实力、有品牌、有信誉的企业以及社会民间资金积极参与历史街区和建筑保护；
>
> 是否可以建立租赁安置、养老安置等多样化安置模式，提高实物安置的可接受度和适应性；
>
> 是否可以以设立政府基金或政府以贴息贷款方式对历史街区和建

筑保护更新给予适当支持；

是否可以确立保护更新项目免征基础设施配套费等行政事业收费和政府性基金；

是否可以鼓励金融机构向符合贷款条件的历史街区和建筑保护更新项目提供贷款支持，等等。

只有通过政策制定，才能打消一些顾虑，才能引导、推进历史街区和建筑的保护与更新。

(3) 梳理保护模式。只有梳理保护模式，进行利弊分析，才能开展选择性定位。一些保护更新实践在一定时期、一定程度上取得了成功，但仍然有不同的社会反响和评价，因此就其是否具有大规模推广的实际意义的问题，需要加以综合比较、分析利弊、研究优劣。根据不同历史街区和建筑的布局特点和建筑型制，以居民、建筑、功能、权属等因素的组合互动关系入手，历史街区和建筑更新的一些基本模式可大致归纳和明确为以下几种：

居民留住、建筑/功能/权属保持的模式（如步高里）；

居民离开、权属变更，但建筑和功能基本保持的模式（如思南公馆）；

居民离开、权属变更、功能调整、建筑保持的模式（如新天地）；

居民离开、功能调整、权属和建筑保持的模式（如田子坊）；

居民留住、建筑/功能保持、权属变更的模式（如一些地方采取的使用权招拍挂方式）；

居民留住、功能调整、建筑保持、权属创新的模式（如一些地方采取的使用权或所有权作价入股分红的方式），等等。

在根据以上分类进行选择性定位后，便可以提出各模式所适应的基本条件和类型，提出引导性的技术管理框架。

四、建立适当的利益互补制度

(1) 进行经济测算。对于明确保护的历史街区和建筑，建议进行全方位的经济测算，以探索不同改造模式的可行性和适应性。比如根据现有建筑面积、土地面积、容积率、建筑密度、日照情况、居民户数等指标，假设部分历史街区和建筑能够被置换出来，作为公益性现代功能使用，或者按商业开发模式，根据当前相似案例的出租率和租赁(或销售)单价，均可测算历史街区和建筑经济价值；假设按照自组织置换式的渐进更新方式，也可测算历史街区和建筑的市场价值和产业潜力；假设还原其原生态，也可测算其可能的出售价值，同时评定其是否能够实现最初的环境品质和人文精神，是否能够如规划所规定的性质和指标(控规指标在多大程度上能够实施；如果无法实施，差距是多少，政府基金是否能够弥补；如不能补足，是否可以通过完善政策和创新机制来解决资金瓶颈等等)；而一旦实施拆除重建，其相应指标估计能够达到多少，据此也可测算其可能的经济价值，等等。算账可以大致分析保护更新方式的经济性和可行性。

(2) 协调各方利益。要想协调好各方面利益，资金平衡问题是最大的瓶颈之一，这一问题包括财政资金、企业资金、社会资金(民间资金)等三方面的结构关系，包括政府如何筹措资金、企业如何愿意投资、民间怎样形成资金力量等等。具体而言，资金的问题主要包括：一是政府性基金设立的必要性，涉及基金规模、来源、构成、分配等界定；二是社会投资的可行性，涉及其投资来源、投资机制以及相关政策配套的确定；三是保护更新与安置补偿、住房保障的有机结合等等。政府基金及政策支持具有引导和撬动社会投资的作用，社会资金和民间力量是保护更新资金来源的主要力量，而一系列相关政策如征收补偿标准、与住房保障的结合等等是重要影响要素。

五、完善历史街区保护的相关政策

政策完善主要体现在两个方面：其一，要多管齐下，落实历史街区和建筑保护与改造工作的资金。资金问题是目前历史街区和建筑保护与改造工作中普遍存在的问题,为了这些大投入、高成本保护措施的落实,必须依靠政府、社会和业主共同参与的保护与更新模式,制定相应的具有鼓励性质的财税、金融等政策,确保稳定的资金来源。过程中,除落实历保资金外,还要规范、完善资金使用管理,真正将钱花在刀刃上;同时,应结合风貌区居民住房保障以及安全、环境等其他社会民生工作,加快推进历史街区和建筑保护各项前期工作。其二,要政策联动,形成支撑历史街区和建筑保护工作的政策群。这些政策需要形成组合拳,而不宜单独行动。由于历史原因,城市更新问题已经成为系统性、综合型、关键性难题,只有先开展顶层设计,形成统一认识和指导思想,继而逐项分解到各个管理领域,方可形成政策的加和效应,不至于在彼此之间形成冲突。

(1) 完善审批政策。建议探索搭建有利于历史街区和建筑保护工作的分工协作平台,并建立长效工作机制。例如在建设系统内部的建设、交通、住房、房管、规划、土地、市容、环保、绿化等部门,以及在建设系统之外的文保、财政、税务、银行、企业集团等部门,有必要建立针对历史街区和建筑更新工作的统一决策指挥平台。其中包括制定计划、联合认定、方案论证、资金筹措、政策落实、组织实施、考核推进等一系列具体工作。只有工作架构得到了完善,才能在组织体系上自上而下、承上启下,才能在规划实施上实现以点带线、以线带面的效果。

具体而言,除部分二级旧里以外,一级旧里以上旧住房的建筑结构较好,设计理念、建筑材料、设施设备、施工工艺等等在当时是比较先进的,在规划、设计、绿化、交通、卫生等技术层面也不无可取之处,有些方面甚至高于当代水准。因此,对这类建筑而言,进行审批需要考虑以下四点:其一,在原法租界、民国政府时期,建筑章程已在一定程度上考虑并部分解决了消防、卫生、绿化、交通等技术问题,因此只要还原本来面目,再辅以现代技术手段,基本上是可行的;其二,新时期各方面审批程序和规范基本上是按新建建筑进行约束，其中对既有建筑要么缺乏相关规定，要么一带而过并不深入，要么有所涉及却未被专业管理部门领会精髓（或因责任重大而顾虑重重、不越雷池）；其三，对于历史街区和建筑保护等特殊项目，应本着解放思想、创新驱动的精神，从城市或区域总体角度，制定灵活处理的程序和标准，例如绿化率、停车位数量、内部道路宽幅、消防通道宽幅与净空等等，可借鉴区域平衡理念、历史既存因素，统筹考虑有关指标；其四，对于部分技术问题，可根据专业研究，考虑采取其他替代措施和变通做法（如消防），通过科学论证、精心分析，辅以相应的决策程序，实现突破、变通的可行性仍然存在。

因此，对于历史街区和建筑更新项目审批事项，总体而言，不宜“一刀切”地死守现行新建项目规范和标准，而建议本着实事求是、解放思想的原则，着眼发展与民生，着手保护和更新，向前看，最终综合解决现实问题。过程中，还要不断深化针对里弄、花园住宅、老式公寓等的专门化政策和文件（或规划要求）。

（2）完善法规规范。建议做好地方法规与国家法律、法规的衔接工作，加快制定和完善相关政策法规，积极争取人大、政府对这方面工作的关心、关注，加快修改《上海市历史文化风貌区和优秀历史建筑保护条例》并制定实施细则，确保政策的严肃性、延续性、可操作性，对历史街区和建筑的管理和利用应有更加详实的规定，特别是要明确产权获得、土地出让、立项报批、裁决程序等规定。针对法律法规难以在一时完整建立的现实，建议以特别论证制度弥补法律法规的不足。即对于规划技术参数存在争议的改造与更新项目，不以“技术规范”或“历史风貌保护规划”为唯一标准而“一刀切”，而是以“特别论证会议”形式，邀请在城市规划、历史保护、建筑设计、结构设计等方面的专家参加，通过专家的集体评审和论证，根据项目的具体可实施条件和特殊要求，确定更新与改造中涉及的建筑间距、退界、建筑密度等技术参数，使其对现有《技术规范》的普遍要求有所突破，而更适用于历史街区和建筑的保护与更新。

第八章
上海旧区改造与城市更新的社会评价方法探索

在旧区改造和城市更新这项系统工程中，政府在不同时段采取着不尽一致的政策措施，以改善居民的居住条件和生活品质。发挥第三方力量，对旧区改造进行客观的社会评价，是检验城市旧城区改建工作绩效、政策效应的重要机制，也是不断完善旧改政策的重要方法。为此，从 2011 年至 2013 年，在国家住房和建设部、上海市旧改办指导下，中国房地产及住宅研究会、上海社会科学院社会发展研究院、上海安佳房地产动拆迁有限公司联合组成课题组（上海社会科学院社会发展研究院主持完成）针对当时的全市旧区改造情况，组织开展了《旧城区改建社会评价体系研究：以上海为例》的研究。本章主要对这一重要成果进行展现，为其他城市开展旧区改造和城市更新社会评价提供借鉴。

第一节　实施旧城区改建社会评价的背景和意义

一、研究问题的提出

城市建设始终处于不断新陈代谢的状态，随着建筑物、公共服务和市政设施等有关城市要素的质量老化和恶化等，城市需要通过更新予以改良。

城市更新的目标主要是解决城市中影响甚至阻碍城市发展的问题，这些问题中既有环境方面的因素，也有经济和社会方面的因素。城市在发展过程中导致城市更新的原因主要有以下几个方面：人口密度增高；建筑物的老化及破坏；居住、生活、卫生环境质量恶化；公共设施、公共绿地和游憩设施不足；交通混乱；土地使用不经济，经济活动下降；城市某些功能相互干扰等。由上可知，旧城区改建是城市更新中的重要组成部分。

旧城区是指在城市的形成和发展过程中在城市建成区范围内形成的平房密度大、使用年限久、房屋质量差、基础设施配套不齐全、交通不便利、治安和消防隐患大、环境卫生"脏、乱、差"的区域。它是由来已久的社会问题，是城市进程的历史产物，伴随着城市而生，伴随着城市而长。随着经济的发展和城市的扩张，旧城区的现有功能已不能满足社会经济、城市发展的需要，大量旧城区的存在已经成为城市健康发展的瓶颈，损坏了城市形象。此外，由于其房屋质量差，基础设施配套不齐全，治安和消防隐患大，人员结构复杂，旧城区也已不能满足人民生活水平的需要，不利于居民生活方式的改善和生活质量的提高。因此，旧城区改建应运而生。

旧城区改建是指按照本市城乡规划要求，对房屋结构较差、使用功能和设施不全、市政公用基础设施薄弱以及危旧房集中的区域实施改造和建设的活动。旧城区改建的主要目的是为了实现城市功能再造和重建，使城市居住、工作和生活条件得到改善。旧城区改建的主要内容包括了诸如规划调整、旧房拆除、重建和修缮维护、历史建筑保护等诸多方面。当然，旧城区改建的主要内容和一个国家或城市所处的发展阶段有关。回顾我国的旧城区改建历史，就会发现它一直贯彻着这样的指导思想，即能够修缮的房屋，就予以修缮改造；需要保护的房屋和街区，就必须予以保护；对那些没有修缮和保护价值的危棚户简屋，可以实施拆除。对于这一指导思想，以后也必须始终坚持。就上海而言，现阶段旧城区改建的重点主要是对成片危旧房屋实施拆除改造（即棚户区改造），同时兼顾做好旧住房修缮改造和优秀历史建筑保留保护改造。与上海相类似,国内许多城市现阶段旧城区改建的重点也是棚户区改造。

长期以来,从中央到地方,各级党委和政府十分重视旧城区改建,并将其作为一项重要的民生工作、民心工作和发展工作,全力予以推进,旧城区改建工作取得了巨大的成就。就上海而言,自20世纪90年代以来,通过旧城区改建,全市约130多万家庭改善了居住条件,城镇居民人均居住面积由1991年的6.6平方米提高到2010年的17.5平方米。

着眼于全面建成小康社会、实现社会主义现代化和中华民族伟大复兴,党的十八大对推进中国特色社会主义事业作出经济建设、政治建设、文化建设、社会建设、生态文明建设"五位一体"总体布局,并提出在改善民生和创新社会管理中加强社会建设,即以保障和改善民生为重点,多谋民生之利,多解民生之忧,解决好人民最关心最直接最现实的利益问题,在住有所居等方面持续取得新进展,努力让人民过上更好生活。2012年9月25日,在国务院召开的"全国资源型城市与独立工矿区可持续发展及棚户区改造工作座谈会"上,中央政治局常委、国务院总理李克强同志指出,棚户区改造是一项重大民生和发展工程,也是一项长期艰巨而复杂的系统工程,推进棚户区改造的关键问题在于制度创新,要进一步转变政府职能和发展观念,在体制、机制和政策上走出一条创新之路,努力形成政策合力,集中力量打赢棚户区改造这场攻坚战。2012年2月3日,李克强总理在内蒙古视察棚改工作时召开小型座谈会,提出要进一步摸清底数,排出时间表,启动新一轮棚改攻坚战。2013年中央经济工作会议提出,要继续把握好稳中求进的工作总基调,继续坚持房地产调控政策不动摇,继续加强保障性住房建设和管理,加快棚户区改造。上述这些要求和指示都为旧城区改建工作指明了发展方向。

从旧城区改建本身看,其意义十分重大。旧城区改建既是民生问题,又是发展问题。在城市化的进程中,旧城区改建是推动经济增长、加快城市建设、提升城市形象和功能的重要途径，也是切实解决中低收入家庭住房困难、改善居住条件和提高城市生活质量的重要举措。居住在城市危旧房屋内的居民群众绝大多数是中低收入群体，难以通过自身力量解决住房困难，需要通过政府实施旧城区改建来改善居住条件。世界发达城市发展的规律表明，旧城区改建成为城市社会经济发展中的一个永恒课题，是城市实现科学、和谐与可持续发展的必由之路，也是提高城市功能、让城市生活更美好的必然选择。

从旧城区改建实践看，一方面，居住在旧城区中的广大居民群众为改善自身居住条件、提高生活质量，要求政府加快实施旧城区改建的愿望十分迫切和强烈。另一方面，政府启动旧城区改建项目后，在工作推进过程中，部分动迁居民迫切希望旧城区改建能改变自身命运，往往抱有过高期望并提出过高要求，希望争取更多补偿，社会上流传的"翻身靠动迁"是这种心态的很好写照。由于多方面的原因，旧城区改建引发的各类社会矛盾数量还是不少，如动迁居民集体上访、进京上访等，甚至有些社会矛盾还影响到了社会和谐稳定。

针对上述情况，有必要通过第三方对旧城区改建工作进行客观、公正的社会评价，以便准确判断旧城区改建的基本现状，引导和促进旧城区改建工作又好又快发展。但是，目前我国还没有建立旧城区改建社会评价的有关标准。因此，研究和建立我国旧城区改建社会评价体系，全面、系统、客观、准确地对旧城区改建实施社会评价，具有必要性和紧迫性。

二、实施旧城区改建社会评价的重要意义

(1) 有利于科学决策和准确引导。建立旧城区改建社会评价体系、实施旧城区改建社会评价，能通过科学、系统的调查与访问，获取从社会公众角度评判和反映旧城区改建状况的信息，全面评估旧城区改建的社会效应、政策法规、组织领导、制度建设、补偿方案、运作机制、创新发展和实施效果

等内容，全面掌握旧城区改建推进中的成功做法和经验，及时发现存在的不足和难题，并充分吸取公众意见与建议，从而为领导决策和完善相关政策措施提供科学依据。

（2）有利于规范运作和顺利推进。实施旧城区改建社会评价，一方面可以对旧城区改建推进中的成功做法和经验加以推广，对存在的不足和难题加以研究和破解，从而有利于旧城区改建的顺利推进；另一方面，可以充分发挥改建对象、第三方公信人士、新闻媒体等社会群体或组织及相关管理部门的监督作用，拓展公益性项目管理的外延，使社会监督和行业监管有机结合，有利于旧城区改建顺利推进。

（3）有利于社会的民主、文明、和谐和进步。实施旧城区改建社会评价，可以使国民经济发展目标与社会发展目标协调一致，防止单纯追求旧城区改建项目的经济效益；可以使旧城区改建项目与所在地区利益协调一致，避免或减少项目推进的社会风险，减少社会矛盾和纠纷，防止可能产生不利的社会影响和后果，促进社会稳定。同时，旧城区改建社会评价是旧城区改建监管体系的重要组成部分，它搭建并拓宽了政府与社会公众交流的信息平台，有利于旧城区改建社情民意的如实反映。全面、科学评价城市的旧城区改建工作，加强社会监督与参与，对于增强旧城区改建的公开透明、公正公平，提高社会公众对旧城区改建的认知度和满意度，促进社会民主和文明，加快构建社会主义和谐社会，都具有重要作用和积极意义。

三、研究重点

根据当前城市旧城区改建的特点，旧城区改建主要包括“拆”（旧房拆除）、“改”（旧房修缮改造）、“留”（优秀历史建筑保留保护）等不同形式。“拆”，是指对房屋结构简陋、基础设施较差及没有保留价值的危旧房进行拆除改造；“改”，是指对城市规划予以保留、但建筑标准较低的房屋实施成套改造、平改坡和环境整治等旧住房综合改造；“留”，是指对历史风貌街区和优秀历史建筑开展保留保护性修缮改造。

一方面，考虑到现阶段全国各地旧城区改建的重点是对成片危旧房和棚户区实施房屋征收和拆除改造，而且是通过土地储备方式实施改造，将地块拆平形成“净地”后根据城市规划条件等实施土地出让，然后再进行城市功能开发；另一方面，考虑到相对于旧城区改建房屋征收而言，旧住房综合改造和优秀历史建筑保护的规定要求和程序较为简单，因此，本章将重点研究旧城区改建拆除改造的社会评价体系，同时兼顾到旧住房综合改造和优秀历史建筑保护，具体时间段是从启动旧城区改建项目启动开始，到旧城区改建地块拆平、全部完成补偿安置为止。

第二节　旧城区改建社会评价的内涵、目标和主要内容

一、内涵

（一）社会评价的含义

目前，对什么是社会评价存在多种不同的理解。有人认为社会评价是应用于项目社会分析的一种方法，通过识别、监测和评价项目的各种社会影响，促进利益相关者对项目投资活动的有效参与，优化项目建设实施方案；有人将社会评价定义为系统的调查（systematic investigation），系统性地调查和收集与项目有关的社会因素，促进项目与社会的互相适应性，优化项目实施方案，识别项目实施过程中潜在的社会风险，提出降低项目社会风险、减轻项目实施过程中的不利后果和负面影响，增加项目满足特定群体目标的能力，促进项目与当地社会文化环境相互适应，保证项目的顺利实施和项目效果的持续发挥。

社会学意义上的社会评价主要是利用一套完整的、具体的、可操作的社

会指标对社会项目或社会工程进行测量和考评,以辨明这些项目和工程是否取得了预期的城市更新目标,带来了哪些社会经济后果,特别是偏离项目预期的意外后果。同时,从社会学的视角出发,社会评价具有整体综合性、主客观统一性、过程与结果并重、偏重于社会与市民及其多元主体的参与等特点。

(1) 整体性。社会学视野中的社会是一个复杂的有机整体,社会的各组成部分密不可分、相互作用、交织在一起。经济与社会密不可分,不少社会指标直接涉及经济方面的内容。因此,社会评价既要注重对其经济效益的评价,又要注重对其社会后果和社会影响的评价。这也是科学发展观的本质要义,科学发展观要求经济与社会协调发展,避免经济腿长、社会腿短的局面。因此,社会评价指标体系实则是丰富了单一经济评价指标体系的内涵,与综合评价指标体系并不矛盾。

(2) 主客观统一性。社会学家和人类学家告诉我们,研究某一文化或地区,除了要看到一些客观要素,比如社会制度、社会结构等,还要了解本地的风土人情、社会心理,即生活在此一地区或文化的人们如何看待自己所处的社会结构和社会制度。因此,社会评价既要有客观性指标,也要有主观性指标,如社会公众的满意度等。

(3) 过程与结果并重。著名经济学家、诺贝尔经济学奖获得者阿玛蒂亚森认为,真正的自由应该是兼顾过程与结果两个方面的,即一项政策或一个项目的好与坏除了要保证每个人充分参与权力、保证参与过程形式的平等之外,还要保证参与者享有政策或项目带来的实质上的福利增进。因此,社会评价一定要统筹兼顾实施过程和实施结果。

(4) 社会偏重性。党的十七大明确提出把社会建设提到了与政治建设、经济建设、文化建设的同样高度,社会建设也是中国社会主义现代化建设的重要组成部分。党的十七大还指出,社会建设的重点在于民生建设。与此同时,中央和各省市在社会经济发展规划中都更加重视发展社会事业。

因此,实施社会评价,应该偏重社会性,维系城市区域的社会关系和谐。

(5) 主体多元性。党的十六届六中全会提出要创新社会管理体制,构建"党委领导、政府负责、社会协同、大众参与"的中国特色社会管理体系,改变社会管理中政府单一主导的局面,注重发挥社会和公众力量,真正做到众人之事众人管理。因此,实施社会评价,必须坚持主体多元性,让旧改涉及的多方利益主体均能得到共赢。

(二) 旧城区改建社会评价的主要内涵

目前学术界对旧城区改建社会评价还没有一个完整的解释和界定。本章认为,所谓的旧城区改建社会评价,主要是指从社会学的视角出发,以旧城区改建的全面改进与发展为根本出发点,根据国家旧城改建的相关法律法规和政策精神,综合应用社会学、统计学等理论与方法,对旧城区改建整个工作进程的政策体系、组织体制、工作机制、经济社会意义、社会满意度等进行的一种全面性、全程式社会评价,并对发现的问题和不足提出改进之策,以期放大旧城区改建的社会效益、改善人民生活质量、提升社会发展水平。具体地说:

(1) 旧城区改建社会评价是集政策、理论、实践等为一体的综合性评价。旧城区改建的社会评价,实际上是对国家和地方政府旧城区改建政策的落实以及实践运作模式进行客观、独立的评价。因此,它关注的内容既要包括旧城区改建政策和实践过程,以检验政策内容的社会适应性和社会效益,进而为不断完善旧城区改建政策提供参考,又要借助社会评价的基本理论与方法,来构筑或嫁接形成新的评价体系、评价方法,从而也是一种理论创新。与此同时,旧城区改建社会评价主要是一种制约性、引导性、检验性评价,以便政府部门及相关单位按照国家政策有序推进旧城区改建工作,最大程度地、合理地改善居民群众的住房条件,实现多元利益的相对平衡。

(2) 旧城区改建社会评价是一种预警式、全程式、反思性的全过程评价。旧城区改建可以分为三个不同阶段,即改建实施前(事先)、改建实施中(事中)、改建实施后(事后)。旧城区改建社会评价既要对包括三个不同阶段在内的全过程进行评价，也要对不同阶段的各自情况进行评价。在事先评价中，重点是解决旧城改建项目是否符合人民意愿和城市发展战略，要论证旧区改建项目的必要性、适应性、决策性、目标性、组织保障等问题，为旧城区改建项目未来的顺利推进创造思想、实践上的充分准备；在事中评价中，重点是要关注旧区改建过程的合法性、公开性、公平性、公正性、规范性、社会参与性等问题，进而促进社会公开、社会公平、社会公正、社会参与等水平的提升，为社会稳定创造良好的示范效应。在事后评价中，重点是侧重旧区改建项目的社会影响、社会效益、社会满意度、最终社会效果方面，以及对前期改建目标进行适度的比较式后评估，发现目标距离和问题差距，为全面改进旧城区改建的整个决策水准提供依据。

(3) 旧城区改建社会评价是由第三方专业机构承担的独立评价。为了保证评价结论的客观、公正，旧城区改建社会评价必须由具有相关理论背景的第三方专业机构作为评价主体进行运作，从而保持社会评价的独立性、客观性，其他部门只能配合主体参与社会评价。

(4) 旧城区改建社会评价需要政府、企业、民众、专家等多方参与、协同配合。旧城区改建是政府、企业、居民、专家学者共同关注的重大民生领域，具有较强的政治敏感性和广泛的社会影响，尤其是一些特殊的旧城区改建，更是多元主体不断博弈、不断争论、不断妥协的主要区域。因此，旧城区改建社会评价更需要关注广大基层民众和住户的切实感受，既要听取政府主管部门、专家学者、房地产开发企业的意见或建议，更要听取旧城区住户的心声和感受，以便实现民众的最大参与。唯有如此，才会对旧城区改建作出真实、准确、理性的社会评价。

二、目标

旧城区改建社会评价的目标是：通过建立一套系统、科学、合理、操作性强并具有指导作用的社会评价体系，对旧城区改建的规划计划及其政策法规依据情况、组织实施推进情况以及项目改造完成后所带来的经济社会作用和群众满意度等情况，进行深入分析和社会评价，找出问题，提出建设性的意见和建议，从而为促进旧城区改建政策法规进一步完善，促进旧城区改建项目实施更加规范、有效和合理，促进旧城区改建社会效益及公益性体现更加充分，为相关工作提供参考和借鉴。

三、主要内容

根据前文对旧城区改建社会评价的内涵分析，旧城区改建社会评价的主要内容包括以下五个方面：

（一）评价旧城区改建的经济社会作用

主要评价旧城区改建是否具有改善民生的作用，如解决中低收入群众的住房困难，提高生活质量，改善生活环境，共享改革发展成果，提高党和政府的威信，增强人民群众的向心力和凝聚力；旧城区改建是否具有完善城市功能的作用，如完善配套市政设施和公共服务设施，改善城市环境，集约利用土地，推进城镇化健康发展；旧城区改建是否具有促进经济社会协调发展的作用，如带动社会投资，促进居民消费，扩大社会就业，发展社区公共服务，加强社会管理，推进平安社区建设。

（二）评价旧城区改建的政策体系

主要评价旧城区改建项目的实施是否符合有关法律、法规和政策的要求，尤其是旧城区改建的行政审批手续是否完备，法定要件是否齐全，是否真实有效；征收补偿方案是否科学，补偿标准是否合理，是否符合国家房地产市场调控政策，是否与同类地区改建项目存在明显的不公平；补偿资金、安置房源是否落实，对困难家庭的保障条件是否具备等。

（三）评价旧城区改建的组织体制

主要评价各级政府部门是否针对旧城区改建工作建立较为完备组织管理和推进体制，如旧城区改建领导小组及其办公室等；各级政府部门是否针对具体的旧城区改建项目有相应的推进指挥部或工作组等；以及旧城区改建的队伍建设问题，如业务培训、持证上岗、爱岗敬业教育等。

（四）评价旧城区改建的工作机制

主要评价旧城区改建实施过程中，各种工作机制的建立和执行情况是否依法依规、规范操作，如动员宣传、社会参与、公开透明、公正公平、矛盾化解、社会监督、行政监管等；此外，还需要评价在推进旧区改造过程中是否实现机制创新，是否创造成功经验，是否对旧城区改建起到促进作用。

（五）评价旧城区改建的社会影响

主要评价社会各界对旧城区改建过程中的各个规定程序、各种具体操作行为是否满意，对旧城区改建后的补偿安置方式和补偿安置结果是否满意，对新居住地的社会关系（如邻里关系等）是否满意，对新居住地的生活工作便利程度（如交通、就业、上学、购物、就医等）是否满意；此外，还需要评价旧城区改建项目完成后的预期目标实现情况（如改造成本控制等），以及旧城区改建项目所获得的各种荣誉等。

第三节　构建旧城区改建社会评价体系

要对旧城区改建实施社会评价，首先必须建立社会评价体系。一个完整的旧城区改建评价体系，应该包括评价依据、评价原则、评价主体、评价对象、评价指标、评价标准、评价方法和制度保障等方面。

一、评价依据

评价依据主要是国民经济和社会发展规划及现行的旧城区改建法律法规政策对实施旧城区改建的有关要求。目前，与旧城区改建相关的法律法规和政策文件主要是《城乡规划法》《土地管理法》《国有土地房屋征收与补偿条例》等，以及国家及各地出台的有关优秀历史建筑和历史文化风貌区保护、房屋修缮等的法律法规和政策文件。它们对旧城区改建的主要规定有：

(1) 明确了由政府依照有关城乡规划规定组织实施的对危房集中、基础设施落后等地段进行旧城区改建，属于公共利益的范围，可以征收房屋；

(2) 明确了旧城区改建基本原则，即房屋征收与补偿应当遵循决策民主、程序正当、公平补偿、结果公开的原则；

(3) 明确了旧城区改建房屋征收的责任主体是政府；房屋行政管理部门是本行政区域的房屋征收部门，负责组织实施房屋征收与补偿工作；房屋征收部门可以委托房屋征收事务所，承担房屋征收与补偿的具体工作。

(4) 明确了旧城区改建房屋征收程序，征收程序包括规划、计划、确定房屋征收范围、意愿征询、房屋调查登记、拟订和论证征收补偿方案、社会稳定风险评估、房屋征收决定及公告等；

(5) 明确了旧城区改建房屋征收的补偿。征收补偿是群众最为关注的问题，房屋征收的补偿包括房屋征收价值评估、补偿方式、补偿补贴和奖励标准、订立补偿协议、搬迁、行政补偿决定等；

(6) 规范强制执行行为，若被征收人在法定期限内不申请行政复议或者不提起行政诉讼，又不履行补偿决定的，由作出房屋征收决定的市、县级人民政府依法申请人民法院强制执行，将政府的征收决定提交法院来判决；

(7) 规定了旧城区改建的组织领导、目标考核等。旧城区改建要加强领导，完善旧城区改建的组织体系、工作机构、人员配置，做到细化任务，落实责任，统筹资源；相关部门要加强协调、相互配合，形成合力，集中资源、聚焦重点；建立旧城区改建目标考核机制，合理确定考核指标和内容，全面反映和评价旧城区改建的工作质量和水平；

(8) 规定了旧城区改建的政策聚焦、舆论宣传等。相关部门需从资金筹措、土地供应、规划控制、安置房源、税费减免等方面，对旧城区改建予以政策支持；加强新闻宣传，广泛宣传旧城区改建的意义和作用，营造良好的舆论氛围;充分发挥人大代表、政协委员等的监督作用,争取社会各界对旧城区改建的理解和支持。

二、基本原则

(一) 科学性与适用性相结合

科学性是指在构建旧城区改建社会评价体系时,在紧密联系旧城区改建具体实际的基础上,依据科学理论,运用科学方法,科学、合理地选取评价指标,避免指标的不足和重叠,保证旧城区改建评价体系的客观性和科学性。适用性是指在构建旧城区改建社会评价体系时,要充分考虑其独特的行业特性和经济社会作用,从而更好地适应对旧城区改建的社会评价。

(二) 主观性和客观性相结合

社会学家和人类学家告诉我们,研究某一文化或地区,除了要看到一些客观要素,比如社会结构、社会制度等,还要了解本地的风土人情、社会心理,即生活在此一地区或文化的人们如何看待自己所处的社会结构、社会制度等。根据上述视角,为全面准确评价旧城区改建,在构建旧区改建社会评价体系时既要设计一些有关实施旧城区改建的政策法规、规章制度和操作程序透明等社会评价指标,又要设计一些主观指标,如人民群众的满意度如何,以及对旧区改造的政策是否支持和拥护。对处于经济社会发展转型期和矛盾凸显期的中国来说,对人民群众社会心态的研究尤为重要,因为心理往往会有力地影响行为,如上访和群体性事件等。

(三) 全面性与重要性相结合

全面性是指在构建旧城区改建社会评价体系时,所设置的评价指标首先要能够基本反映旧城区改建的全部要求,在涉及内容上应存在统一性,存在内在的联系,但在评价结果上并无严格定量关系,可以各自相互具有独立性。这样一来,旧城区改建社会评价体系是一种结构性评价,各种统计分析结果均是从不同层面反映旧城区改建的状况。重要性是指在设置指标分值和权重时，要重点突出地反映旧城区改建的重要和关键问题，对一些反映旧城区改建重要和关键环节的指标，如全部公开、结果一致、居民满意度等，可以相对提高其权重和分值。另外，对实践促进旧城区改建顺利推进的创新做法的或受到居民表扬、上级部门嘉奖的，可以酌情加分。

（四）定量分析与定性分析相结合

为更加科学、准确地评价旧城区改建，在构建旧城区改建社会评价体系时，要求尽量设置定量指标，通过数学计算方法来确定评分标准，从而可以做到评价的科学性。但是，对于一些无法量化的又必须要评价的内容，也要设计相应的定性指标进行评价分析。总之，重点通过定量分析，再结合定性分析，能够较为全面地设置旧城区改建的社会评价指标。

（五）可操作性与引领性相结合

可操作性是指要求在设计指标时选取那些易于获得信息和数据的指标，以便于进行定量分析或定性分析。引领性是指在构建旧城区改建社会评价体系时，需要进行综合考虑，对一些在政策法规中没有明确规定，但在实际操作中具有促进作用的做法设置评价指标，这些指标是属于开创性和引领性的，从而使其所构建的社会评价指标有助于规范、引导和促进旧城区改建工作，做到旧城区改建过程与结果并重。这就要求我们在构建旧城区改建社会评价体系和实施旧城区改建社会评价过程中，除了评价旧城区改建是否遵循一套严格规范的法定程序之外，还要评价人民群众是否真正能够分享到旧城区改建带来的各种好处，旧城区改建是否在总体上能够维护他们的权益、增进他们的福利。

三、评价主体

旧城区改建社会评价的主体，包括责任主体和实施主体。根据有关规定，旧城区改建的责任主体是政府部门，因此，社会评价责任主体应为各级人民政府。不过，政府可以委托与旧城区改建项目没有利益关系的第三方专业研究机构来承担社会评价责任，即实施第三方社会评价。在选择第三方专业研究机构实施旧城区改建社会评价时，可参照房屋征收中选择房屋评估机构的方式，采用公开招投标方式确定，让政府部门、社会公信人士和动迁居民等共同投票确定，确保社会评价结果更加合理、更具有公信力、更加取信于民。

对实施旧城区改建社会评价的第三方专业研究机构，要有一定的要求。首先，它是一个独立于政府管理部门的第三方机构，具有实施第三方社会评价的资质；其次，它应该合理配备研究人员，这些研究人员熟悉旧城区改建的政策规定、具体操作和发展方向，真正做到专业化和权威性；再次，它应该具有丰富的社会评价经验，具有良好的信誉度。专业研究机构在对旧城区改建实施第三方社会评价时，应专门成立相应的工作组，以确保评价工作落到实处。同时，政府有关部门等相关单位应密切配合专业研究机构，及时提供有关资料、组织召开座谈会等。

在开展旧城区改建社会评价的起步阶段，可以让社会上专业研究机构或政府绩效评价中心承担评价工作。鉴于旧城区改建是常态性工作，是城市发展的永恒主题，而且随着经济社会的发展，对旧城区改建工作的要求会越来越高，因此，在旧城区改建社会评价步入正轨、作为常态性工作后，应该专门成立旧城区改建社会评价机构，专业从事旧城区改建社会评价工作。

四、评价对象

旧城区改建社会评价，主要是对旧城区改建工作或旧城区改建项目的组织实施推进情况进行评价，包括在旧城区改建项目过程中将各项行为、活动、规范等作为评价对象。

五、指标体系

（一）指标设置

本章根据旧城区改建项目实施过程的特点，充分考虑旧城区改建项目社会评价的整体性以及阶段性要求，将社会评价分为事先、事中、事后三个不同阶段，通过深入调研和召开专家咨询会，广泛听取意见，并结合上海已经完成的和正在推进的旧城区改建房屋征收项目（如原卢湾区 390 号旧城区改建地块、黄浦区露香园路旧城区改建地块等旧城区改建项目）进行实证试用，在实践中不断进行修正和完善，最终确定旧城区改建社会评价体系的指标设置。指标体系共分为 13 类一级指标、45 项二级指标和 89 个三级指标，具体见本书附录 1 中的《旧城区改建社会评价指标一览表》。

其中，一级指标（13 项）主要由以下内容组成：

（1）目标性：主要评价旧城区改建项目的实施是否与经济社会发展目标和城市规划、功能定位等相一致。

（2）必要性：主要评价旧城区改建地块的房屋是否陈旧和危险，居住条件和居住环境是否落后，实施改造是否有必要。

（3）可行性：主要评价旧城区改建项目的实施在人力、财力、物力保障以及社会稳定保证等方面是否可行。

（4）合法性：主要评价旧城区改建的合法性、合理性，包括改建计划、法律依据、审批手续的完备性，以及补偿方案制定过程程序是否规范，内容是否完备，补偿标准是否合理。

（5）组织建设：主要评价旧城区改建的组织领导和队伍建设，包括组织保障是否有力、业务培训是否到位、工作制度是否健全等。

（6）社会参与：主要评价旧城区改建的社会参与程度，反映旧城区改建的民意基础、基层民主自治情况和各相关方的参与和配合情况。

（7）社会公开：主要评价旧城区改建的公开透明情况，包括旧城区改建政策、实施过程和补偿安置结果等是否全方位公开，是否通过公开透明来实现公正公平，接受社会监督。

（8）社会公平：主要评价旧城区改建的公正公平情况，确保公平补偿、前后一致，由此体现旧城区改建的公益性质和民生功能，确保社会和谐稳定。

(9) 社会稳定:主要评价旧城区改建项目的实施是否产生社会不稳定事件因素,是否会诱发社会不稳定事件的发生,是否建立相应的矛盾防控机制。

(10) 社会效果:主要评价实施旧城区改建在民生保障、成本控制、经济社会发展等方面是否发挥了积极作用,是否实现了预期目标。

(11) 社会满意度:主要评价居民对旧城区改建的实施方式、实施过程、实施结果等是否满意。

(12) 社会影响:主要评价旧城区改建项目的实施是否得到了社会各方的肯定,是否具有积极的社会影响和社会效益。

(13) 社会创新:主要评价旧城区改建的社会创新情况,主要反映旧城区改建项目进展是否顺利,是否具有创造性机制、做法和成功经验。

(二) 指标分类

以上13项一级指标可以按不同情形进行分类。

(1) 按照社会评价时点划分,这些指标可以分为事先评价指标、事中评价指标、事后评价指标。事先评价是指在旧城区改建项目启动前实施的社会评价,其评价指标主要包括目标性、必要性、组织建设、可行性等4类一级指标;事中评价是指在旧城区改建项目正式启动后对具体做法实施的社会评价,其评价指标主要包括合法性、社会参与、社会公开、社会公平、社会稳定、社会创新等6类一级指标;事后评价是指在旧城区改建项目完成后对项目所达到的社会效果实施的社会评价,其评价指标主要包括社会效果、居民社会满意度、社会影响等3类一级指标。

(2) 按照社会评价作用意义划分,这些指标可以分为基本项指标和引导项指标。基本项指标是实施旧城区改建应该达到的基本要求,包括目标性、必要性、可行性、合法性、组织建设、社会参与、社会公开、社会公平、社会稳定、社会效果、社会满意度、社会影响等12类一级指标;引导项指标是反映旧城区改建项目过程中各项工作的创新、特色和亮点,对旧城区改建的推进起到示范引领和不断促进作用，主要是社会创新指标。

此外，指标中还建立了一票否决制度。在89个三级指标中，共设置了6个一票否决指标，它们分别是：旧城区改建范围确认批文、旧城区改建房屋征收决定批文、第一轮意愿征询同意率（上海）、第二轮方案征询签约率（上海）、社会风险评估报告、发生重大生产安全事故。一票否决指标是实施旧城区改建项目的先决条件，凡是上述指标没有达到规定的要求，即运用一票否决制度。

（三）权重确定

和指标设置类似，本章作者通过深入调研和多次召开专家咨询会，广泛听取意见，并结合上海已经完成的和正在推进的多个旧城区改建房屋征收项目进行实证试用，充分考虑不同指标的作用和重要性差别，在实践中不断进行修正和完善的基础上，确定了旧城区改建社会评价指标体系的总分和各指标（包括一级指标、二级指标、三级指标）的权重和分值。前12类一级指标的分值为100分，社会创新指标的分数为10分（附加分），总分为110分。各指标的权重和分值，具体见本书附录1。

（四）指标解释和评分标准

本书对89个三级指标作了详细解释，明确了评分方法、计算方法（定量分析指标）、数据或资料来源、评分标准等。

六、评价方法

根据设定的旧城区改建社会评价指标，我们需要采用定性分析与定量分析相结合，资料收集、专业调研、社会调查和实地踏勘相结合的方法开展旧城区改建社会评价。

（一）资料收集和审核

需要收集的资料主要有：国民经济和社会发展规划；旧城区改建的政策依据；旧城区改建项目的有关批准或确认文件，包括改建范围确认批文、房屋征收决定、房地产市场评估均价批文、投资估算审批文件、旧改成本审计报告等;有关计划和规划文件,包括国民经济和社会发展年度计划、房屋征收年度计划、旧城区改建项目所在区域土地利用总体规划、城市发展总体规划、控制性详细规划等;补偿方案、资金单位证明、房源到位证明、社会稳定风险评估报告;各项管理制度措施文件,包括组织领导、上岗证、投诉举报制度、矛盾化解制度、第三方参与制度、行政监管制度、应急处置预案等;行政补偿决定、司法强制执行材料等;媒体宣传资料、表彰奖励证书、群众表扬证明(锦旗、表扬信等);补偿安置协议等。

评价实施主体在收集和审核资料时,应确保资料的原始性和真实性。提供的资料形式,可以是纸质书面材料,也可以是录音资料、电子文档材料等。

(二) 专业调研

需要进行专业调研的问题主要有:旧城区改建项目的基本情况,如占地面积、房屋建筑面积、户数、房屋质量、建造年限、基础设施、居住环境等;旧城区改建项目推进的组织保障情况,如推进指挥部及其下设部门、职责分工等;房屋征收事务所的基本情况,如公司资质、诚信、人员配备、以往业绩等;旧城区改建房屋征收的法定程序、一般流程、主要做法等;旧城区改建的各项规章制度建设情况,如宣传动员、矛盾化解、评议制度等;旧城区改建实施中的创新之处和成功经验等。

(三) 社会调查

社会调查主要通过问卷形式,调查居民群众对旧城区改建项目实施的社会满意度,如安置方式和安置结果满意度、旧改过程满意度、社会关系满意度等。问卷调查在旧城区改建房屋征收范围内的居民中随机抽取,并确保一定的样本量,建议不少于20%。同时,社会调查可以召开座谈会,邀请街镇、居委会、有关部门(单位)工作人员、部分居民代表、第三方公信人士等进行座谈,了解旧城区改建项目推进中的具体情况。

（四）实地踏勘

对于旧城区改建项目，实地踏勘是非常有必要的。通过实地踏勘，可以了解旧城区改建地块的基本情况，如到底有无必要进行改造、组织体制建设情况、社会公开情况、改造后环境卫生改善情况等等。

（五）统计分析

社会评价需要对收集的相关资料、专业调研的资料、社会调查的资料、实地踏勘的情况等进行分析整理，并对需要进行数据统计分析的资料进行相应分析。

（六）数据核算

在对所有资料进行分析整理的基础上，按照设定的每一个具体指标，根据实际情况，逐个确定实际得分。每一个具体指标的得分确定后，然后综合所有指标的总分。

七、评价结果

旧城区改建社会评价（整体性评价）的结果包括以下两方面的要素：一是等级判定，即通过定量分析方法确定属于哪一个等级；二是总结经验和问题，即通过定性分析方法对旧城区改建项目的实施情况作总体评价。同时，旧城区改建社会评价要形成书面评价报告，书面评价报告应该包括旧城区改建项目基本情况、评价过程、等级判定、经验和问题、相关建议等五方面内容。

（1）项目基本情况。该部分主要是介绍评价目的、评价依据、旧城区改建项目的基本情况，包括被征收人情况、被征收房屋情况、补偿方案主要内容以及推进旧城区改建项目的一些主要做法等内容。

（2）评价过程和方法。该部分主要是对开展旧城区改建评价的全过程作具体说明，包括分哪几个阶段、采用的主要评价方法、开展的主要工作等内容。

（3）等级判定。等级判定必须采用定量分析方法确定，即根据旧城区改建社会评价所有指标的总分确定。通过深入调研和专家咨询,等级判定设定为优秀、良好、中等、合格、不合格共5个等级,考虑到旧城区改建社会评价的总分为110分,各等级的评分标准如下(等级用S表示):优秀:S≥99;良好:88≤S<99;中等:77≤S<88;合格:66≤S<77;不合格:S<66。

(4) 经验和问题。该部分主要对旧城区改建项目的基本情况、基本经验、亮点特色、存在问题等作客观定性描述。

(5) 相关建议。该部分通过对旧城区改建进行社会评价,在总结成功经验、找准存在问题的基础上,针对旧城区改建的政策体系、组织管理、工作机制等提出建设性建议,从而对加快推进旧城区改建起到积极作用。

第四节 旧城区改建社会评价体系使用说明和有关建议

一、明确旧城区改建社会评价的工作程序

(一) 制定工作方案

在实施旧城区改建社会评价前,首先要制定工作方案,明确社会评价的具体内容、组织形式、时间节点和工作要求等,做好旧城区改建社会评价的各项前期准备工作,包括设计调查问卷等。该工作方案由社会评价主体负责制定。

(二) 收集相关材料和数据

评价主体根据旧城区改建的实际情况,采取收集资料、专题座谈、问卷调查、实地踏勘等方式,开展充分的调查研究,广泛听取社会各界人士的意见,深入了解旧城区改建项目的实施全过程,全面掌握第一手资料,力求旧城区改建社会评价的准确性。收集相关材料和数据由社会评价主体负责,这些材料的提供由有关政府部门和旧城区改建参与单位负责。

(三) 科学分析评价

评估实施主体需要围绕旧城区改建社会评价的13大类一级指标、89个三级指标，采用定性分析和定量分析相结合的方法，对旧城区改建进行社会评价。其中，要根据计算方法和评分标准等，逐一计算每一个三级指标的实际得分，同时对在旧城区改建过程中存在的问题进行全面分析研究。

(四) 评定评价结果

评估实施主体需要在计算每一个社会评价指标实际得分的基础上，得出所有指标的总分，并根据总分和评价结果等级设定的评分标准，按照优秀、良好、中等、合格、不合格5个不同的等级分类，确定旧城区改建社会评价结果的等级。

(五) 形成评价报告

评估实施主体在对旧城区改建进行全面、科学、准确评价的基础上，按照规定要求，形成社会评价报告。

(六) 反馈评价结果

在完成社会评价报告后，由评估实施主体向旧城区改建项目实施主体及相关部门反馈评价结果。

二、建立旧城区改建社会评价的制度保障

(一) 加强组织领导

实施旧城区改建社会评价，是贯彻落实科学发展观、构建社会主义和谐社会的重大举措，是依法维护、保障人民群众合法权益的内在要求，是提高决策科学化、民主化水平的重要保证。中央到地方各级政府要充分认识其重要性和必要性，高度重视旧城区改建社会评价工作。作为旧城区改建的行业主管部门，住房和城乡建设部应在本章研究的基础上，制定和印发要求对旧城区改建实施社会评价的文件，进一步明确开展旧城区改建社会评价的指导思想、基本原则、具体组织实施、工作措施等内容。省、市、县各级党

委、政府及其行业主管部门要高度重视旧城区改建社会评价工作,积极组织实施旧城区改建的社会评价工作,定期安排听取相关工作汇报,及时协调、解决旧城区改建社会评价工作中存在的难点问题,确保该项工作落到实处、顺利开展。

(二) 加强部门协作联动

实施旧城区改建社会评价是一项系统工程,工作涉及面广、政策性强,需要建立各有关部门和单位的协作联动机制,强化各方面共同参与和协同配合。旧城区改建工作主管部门要充分履行职能,切实做好旧城区改建及其社会评价的行政监管工作;旧城区改建房屋征收主体要按照有关法律法规和政策文件规定,依法开展旧城区改建,规范操作,同时作为旧城区改建社会评价的责任主体,应委托专业机构对旧城区改建实施社会评价;旧城区改建各相关部门要立足本职,通过提供资料、参加座谈会等,积极支持和密切配合旧城区改建社会评价工作;旧城区社会评价主体要按照旧城区改建社会评价的具体要求,本着科学准确、实事求是、客观公正的原则,坚持事前、事中、事后相结合,实施全过程的社会评价,确保评估工作取得实效。对旧城区改建的社会评价结果,不同部门需要通过建立部门联席会议、情况通报制度等形式,及时进行沟通,以进一步改进和完善旧城区改建工作。

(三) 加强考核和责任追究

旧城区改建社会评价工作意义十分重大,因此需要建立、加强考核和责任追究制度,以维护该项工作的严肃性。各级行政监察部门要对旧城区改建社会评价责任主体及有关配合部门加强开展旧城区改建社会评价工作情况的督促检查,并将其纳入部门目标考核范畴。凡不按规定进行旧城区改建社会评价工作,或对评价工作敷衍应付、工作不力、措施不到位等而影响到此项工作开展的,要追究旧城区改建社会评价责任主体、相关部门负责人及工作人员的行政责任;同时,要对旧城区改建社会评价实施主体的指导和监督,确保其能够独立地实施社会评价,作出公正、准确的评价结果。

三、严格旧城区改建社会评价的规范操作

(一) 严格标准,确保社会评价的规范化

为确保旧城区改建社会评价的规范化和评价结果的准确性,对旧城区改建实施社会评价时,一定要围绕旧城区改建社会评价体系中设置的各个指标,严格执行各指标的评分方法和评分标准,准确得到评价结果,从而对旧城区改建的科学决策和正确引导、旧城区改建的规范运作和顺利推进、旧城区改建社情民意的如实反映和社会效益的充分体现等起到积极作用。

(二) 公开评价,确保社会各方的知情权和参与权

实施旧城区改建社会评价前,必须公开向社会发布社会评价预告,明确社会评价时间、内容和方式,公开接受社会监督、群众监督和舆论监督,引导和激发社会各方特别是广大居民群众参与旧城区改建社会评价的积极性、主动性。在实施社会评价过程中,一定要通过问卷调查、座谈会等多种形式,广泛听取社会各界意见,从而保障社会各方对旧城区改建社会评价的知情权和参与权。

(三) 优化结构,确保社会评价的民主化

旧城区改建社会评价采用第三方评价,实施主体为社会上的专业研究机构。在对具体的旧城区改建项目实施社会评价时,专业研究机构应该成立评价工作组。该工作组主要由研究机构的工作人员组成,同时应邀请旧城区改建项目所在地的部分党代表、人大代表、政协委员、居民代表一起参加,优化评价工作组的组成结构,赋予"两代表、一委员"和居民代表评判权,只有这样,才能有效保证旧城区改建社会评价的民主化、全面性、客观性。工作组的人数应该根据实际需要而定,建议不少于 5 人。

(四) 加强审核,确保社会评价结果更加准确

建议成立旧城区改建社会评价专家委员会,其主要职责是对第三方研究机构的评价报告进行审核,并出具审核意见。建议建立"第三方评价、专家委

员会审核”的制度,使得旧城区改建社会评价更加科学、更加具有信服力。专家委员会应该由那些长期从事旧城区改建工作或长期从事旧城区改建研究,熟悉旧城区改建政策和具体操作的专家组成。每次审核应不少于3名专家。

四、强化旧城区改建社会评价的结果运用

对旧城区改建开展社会评价,主要目的是将其评价结果进行运用,有针对性地强化旧城区改建工作的日常监督管理,并提出相关的改进措施,以有利于促进旧城区改建又好又快发展。因此,要重视和强化旧城区改建社会评价结果的运用,并将其放在十分重要的位置,既要发挥评价结果的基础性作用,更要发挥评价结果的引领性作用。评价结果要在确保可操作的前提下,示范引领旧城区改建工作。

(一) 建立评价结果公布、反馈制度

要在适当范围、通过适当方式公布旧城区改建社会评价结果,从而有利于形成良好的旧城区改建舆论氛围,有利于发挥激励鞭策作用。向被评价对象反馈旧城区改建社会评价的总体情况、社会评价结果,可以使被评价对象更好、更全面地了解旧城区改建工作,自知优劣,自我反省;向被动迁居民及其他相关方反馈旧城区改建社会评价的总体情况、社会评价结果,可以使他们更好地了解旧城区改建,从而正确认识旧城区改建这一民生工程、发展工程。

(二) 建立谈话和警示制度

针对旧城区改建某一方面评价较差的工作,由行政监察部门出面,对旧城区改建责任主体及有关配合部门进行警示谈话,指出其缺点,特别是针对缺点提出批评和要求。这样不但可以使责任相关方置身于一种创先争优、不进则退的工作氛围中,同时还可以使它们置身于人民群众的广泛监督之中,从而更有效激发和调动它们对旧城区改建工作和事业的积极性、主动性和创造性。

(三) 有效运用旧城区改建社会评价结果

社会评价结果的有效运用对旧城区改建工作的推进而言，如同风向标和指挥棒，具有重要的导向、激励和约束作用。按照“突出引领性、兼顾基础性”的基本要求，旧城区改建社会评价结果可以运用在以下几个方面：

(1) 可以作为判定旧城区改建属于公益性参考依据。实施旧城区改建社会评价能够充分了解旧城区改建项目的实施是否改善了被改建居民的居住条件和居住质量，是否改善了城区功能、环境和形象，是否有利于节约、集约利用有限的土地资源，是否得到了大多数人民群众的拥护和支持。旧城区改建如果能够达到上述目的，则无可厚非属于公共利益范畴。

(2) 可以作为政府部门上下级目标责任考核参考依据。旧城区改建社会评价工作，可以作为上级政府部门考核下级政府部门的内容之一；旧城区改建社会评价的一些重点内容，也可作为考核的重点内容。实施旧城区改建社会评价可以使上级政府部门及时掌握下级政府部门在实施旧城区改建工作中的目标任务完成情况，为完成工作目标任务而采取的做法、措施，以及这些做法、措施的执行效果，从而把评价结果作为政府部门上下级之间目标责任考核的参考依据。

(3) 可以作为政府部门实施行业管理参考依据。尽管房屋征收事务所只是接受委托，从事房屋征收与补偿的具体工作，但是旧城区改建房屋征收工作能否又好又快推进，房屋征收事务所起着至关重要的作用。当然，目前的旧城区改建还是采用政府指定方式选择房屋征收事务所，但今后的发展方向肯定是采用公开招投标方式，让动迁居民具有选择房屋征收事务所的参与权和话语权。因此，对房屋征收事务所的行业管理必将加强。实施旧城区改建社会评价，可以充分了解在房屋征收事务所及其工作人员实施旧城区改建的过程中，各种制度是否健全，各种行为是否规范，动迁居民的合法权益是否得到保障，不合法私利是否得到杜绝，等等，然后把相关的评价结果作为确定房屋征收事务所资质、业务承担、企业诚信、考核奖励等方面的参考依据,最终起到引领房屋征收事务所行业健康发展的作用。

(四) 可以作为完善旧城区改建政策、体制和机制参考依据

众所周知,当前我国在推进旧城区改建过程中,涌现出不少成功经验和创新做法,正是这些经验做法,得到了广大人民群众的拥护和支持,激发了广大人民群众参与旧城区改建的积极性和主动性,从而推动着旧城区改建不断向前发展。实施旧城区改建社会评价,一方面可以及时发现那些旧城区改建工作中的成功经验和创新做法,在进行认真分析和归纳总结的基础上,适时将其上升到政策法规层面,可以在面上推广实施和应用,真正对旧城区改建工作起到示范引领作用;另一方面也可以及时发现一些阻碍旧城区改建顺利推进的问题和不足,并全面分析产生问题和不足的原因,进而按照"缺什么、补什么"的原则,有针对性地完善旧城区改建政策、体制和机制,促使旧城区改建顺利推进,加快改善广大困难群众的居住条件。

五、旧城区改建社会评价体系补充使用说明

(一) 关于定性指标如何计算得分

众所周知,对可以定量分析的指标而言,其得分容易通过数据计算准确地获得;对有部分定性分析的指标而言,其得分也容易准确地获得,如"旧城区改建范围批文"这一三级指标,只要有该批文,该指标就得满分。但是,确实有部分定性分析的指标的得分难以准确地获得,如"市容卫生"这一三级指标,如果是良好则得 1 分,如果是一般则得 0.5 分,如果是较差则得 0 分,那么如何确定"良好""一般"或"较差"时具有较强的偶然性。对于这部分指标,建议通过平均法获得最终得分,即旧城区改建社会评价工作组中的每个成员分别对该指标打分,再用平均法得到该指标的实际得分。

(二) 关于社会创新一级指标如何得分

本章在建立旧城区改建社会评价体系时,为了评估旧城区改建政策、体制、机制的创新情况,以总结一些有助于旧城区改建推进的成功经验,专门

设置了社会创新一级指标。社会创新一级指标设置了改造方式创新、融资方式创新、工作机制创新、历史建筑保护利用创新和其他等5个二级指标，但不设置具体的三级指标，而是根据被评价部门在实施旧城区改建工作中有无创新型成功做法确定具体得分。凡是有助于旧城区改建推进、又可以推广普及使用的做法和经验，都可以认定为创新型成功做法。创新型成功做法的例子包括：群众工作机制，由于开展充分有效的群众工作，旧城区改建项目推进十分顺利；矛盾防控和化解机制，由于建立有效的矛盾防控和化解机制，在确保社会和谐稳定的前提下，旧城区改建项目得以顺利推进；党建联建工作机制，通过建立党建联建，充分发挥党员的先锋模范带头作用；改造资金筹措机制，实现旧城区改建融资创新（如银行贷款融资创新、社会资金参与、住房公积金参与、旧城区改建项目债券或信托产品等），解决旧城区改建的资金紧缺难题；优秀历史建筑保护机制，通过旧城区改建，优秀历史建筑得到有效保护；等等。社会创新一级指标的分值为10分，属于附加分性质。凡是被认定为一项创新型成功做法的，得1分，总分不超过10分。创新型成功做法的认定，由旧城区改建社会评价工作组集体讨论决定。

(三) 关于整体性社会评价和结构性社会评价

本章在研究建立旧城区改建社会评价体系时，联系旧城区改建工作实际，根据旧城区改建社会评价工作需要，从旧城区改建项目实施全过程和考虑社会影响出发，设计了一套完整的评价指标体系，并赋予每大类指标（一级指标）一定的权重和分值，以便对旧城区改建全过程进行整体性评价。另外，考虑到全部完成一个旧城区改建项目改造需要较长的时间，等到项目改建完成后再对其实施社会评价，对某些环节或阶段来说意义已经不大。因此，在对具体的旧城区改建项目实施社会评价时，有必要开展结构性社会评价。结构性社会评价包括：阶段性评价、单项评价和多项评价。

（1）阶段性评价。阶段性评价即根据旧城区改建项目实施的事先、事中、事后三个不同阶段开展社会评价。

一是事先评价。开展事先评价的目的是评价旧城区改建项目的实施是否必要,是否可行,是否符合城区发展战略和计划、规划,是否在人、财、物等方面具备了相应条件,是否会引起社会不稳定等。事先评价指标主要包括必要性、目标性、组织建设、可行性等4类一级指标。在开展事先评价时,该阶段一级指标总分可以设置为100分,再根据二级指标和三级指标的各自权重,设置相应分值,最后根据事先评价结果得分(用SX表示)确定旧城区改建项目的实施与否。若SX≥90,或旧城区改建房屋征收社会稳定风险评估等级为低风险,旧城区改建项目的启动条件已经成熟,旧城区改建项目可以启动实施;若80≤SX＜90,或旧城区改建房屋征收社会稳定风险评估等级为中风险,旧城区改建项目的启动条件还不是最成熟,应该暂缓实施,在具有改建必要性的前提下,需要进一步优化补偿安置方案和加强宣传工作,待条件成熟时再启动实施旧城区改建项目;若SX＜80,或旧城区改建房屋征收社会稳定风险评估等级为高风险,旧城区改建项目的启动条件还不成熟,应该停止实施。

二是事中评价。开展事中评价的目的是评价旧城区改建项目的实施是否按照有关政策规定操作,是否合法规范,是否公正公平,是否具有创造性做法。事中评价指标主要包括合法性、社会参与、社会公开、社会公平、社会稳定、社会创新等6类一级指标。在开展事中评价时,该阶段一级指标总分可以设置为100分,再根据二级指标和三级指标的各自权重设置相应分值,最后根据事中评价结果得分(用SZ表示)判断旧城区改建项目的实施过程是否依法操作、规范有序和开拓创新。若SZ≥90,可以认定旧城区改建项目的实施过程优秀;若80≤SZ＜90,可以认定旧城区改建项目的实施过程良好;若SZ＜80,可以认定旧城区改建项目的实施过程一般。

三是事后评价。开展事后评价的目的是评价实施旧城区改建的社会效果和影响如何,老百姓是否满意,预期目标是否实现,它实际上是一种后评估。事后评价指标主要包括社会效果、社会满意度、社会影响等3类一级指标。在开展事后评价时，该阶段一级指标总分可以设置为100分，根据二级指标和三级指标的各自权重设置相应分值，最后根据事后评价结果得分(用SH表示)判断旧城区改建项目实施的社会效应。若SZ≥90，可以认定旧城区改建项目的社会效应优秀；若80≤SZ<90，可以认定旧城区改建项目的社会效应良好；若SZ<80，可以认定旧城区改建项目的社会效应一般。

(2) 单项评价。单项评价即就某一类一级指标进行社会评价，主要目的是及时了解这项工作的开展情况，若发现存在不足，可以及时加以改进。例如，可以对社会公开一级指标进行单项评价，以及时了解旧城区改建项目实施过程中的社会公开情况。在开展单项评价时，该类一级指标总分可以设置为100分，根据二级指标和三级指标的各自权重，再设置相应分值，最后根据单项评价结果得分(用SY表示)判断旧城区改建项目某一项具体工作的实施情况或某一个实施结果。若SY≥90，可以认定这项工作优秀；若80≤SY<90，可以认定这项工作良好，但需要进一步改进；若SY<80，可以认定这项工作一般，需要大大地予以改进。

(3) 多项评价。多项评价即就某几类一级指标进行社会评价，主要目的是及时了解这几项工作的开展情况，若发现存在不足的，可以及时加以改进。例如，可以对社会参与和社会公开这两类一级指标进行多项评价，以及时了解旧城区改建项目实施过程中的社会参与和社会公开情况。在开展多项评价时，该几类一级指标总分可以设置为100分，根据二级指标和三级指标的各自权重，再设置相应分值，最后根据单项评价结果得分(用SD表示)判断旧城区改建项目某一项具体工作的实施情况或某一个实施结果。若SD≥90，可以认定这几项工作优秀；若80≤SD<90，可以认定这几项工作良好，但需要进一步改进；若SD<80，可以认定这几项工作一般，需要大大地予以改进。

(四) 关于“不同改建方式的社会评价”

前文已经讲到，旧城区改建包括“拆”(拆除)、“改”(修缮改造)、“留”(保护性改善)等不同形式，现阶段改造重点是对房屋结构简陋、基础设施较差及没有保留价值的危旧房(棚户区)进行拆除改造。随着经济社会发展,当棚户区的拆除改造基本完成的时候,旧城区改建的重点必然会转到修缮改造和保护性改造,这是国外旧区改造和城市更新的一般发展规律,也将是我国旧区改造和城市更新的发展方向。因此,本章在进行旧城区改建社会评价指标设置时,充分考虑了开展修缮改造和保护性改造项目社会评价的需要。当然,对旧住房综合改造和保护性修缮改造的社会评价没有房屋征收那样复杂,可以选取部分指标进行社会评价。例如,目前对旧住房实施修缮改造时,没有规定两次征询制度等。

(五) 关于"不同地方评价指标的差异性"

纵观目前全国各城市的旧城区改建工作,都是按照国家有关政策规定,联系本地实际情况,制定了相应政策法规。各地方做法基本相同,但也不完全一致。上海就建立了旧城区改建的两次征询、社会广泛参与、全部公开等制度。因此,各地方在使用本评价体系时,要根据本地区旧城区改建工作的实际情况、政策规定和具体做法,选择合适的指标体系进行社会评价。对于本章中没有考虑到的评价指标,也可以根据本地区需要增加进去,以进一步完善指标体系设置。总之,旧城区改建社会评价体系是一个开放的体系,可以结合本地区实际情况使用。

(六) 关于"评价指标的动态性"

社会形势是不断发展的,旧城区改建工作也不是一成不变的,新情况、新问题一定会出现。为推进旧城区改建工作,各级政府会根据旧城区改建的政策实施情况和工作需要,适时调整和完善旧城区改建政策。旧城区改建政策是动态的,而不是静止不变的。因此,旧城区改建社会评价的指标设置也应该是动态的,要根据旧城区改建政策法规的调整和完善情况,作出相应的调整和完善,以确保旧城区改建社会评价的完整性、适应性和准确性。总之,旧城区改建社会评价体系是一个动态、变化和开放的体系,需要在实践中不断加以修正完善。

附录 1
旧城区改建社会评价指标一览表

一级指标	二级指标	三级指标	分值	评分标准	实际得分
一、必要性（4 分）	1. 房屋质量（2 分）	（1）危旧房屋比例	1	≥70%：1 分；50%—69.9%：0.5 分；＜50%：0 分	
		（2）超房龄使用比例	1	≥50%：1 分；20%—49.9%：0.5 分；＜20%：0 分	
	2. 居住环境（2 分）	（3）成套率	1	＜10%：1 分；10%—29.9%：0.5 分；≥30%：0 分	
		（4）市政基础设施水平	1	良好：0 分；一般：0.5 分；差：1 分	
二、目标性（3 分）	3. 与区域发展目标的一致性（3 分）	（5）符合国民经济和社会发展规划	1	是：1 分；否：0 分	
		（6）符合土地利用总体规划	1	是：1 分；否：0 分	
		（7）符合城市总体规划	1	是：1 分；否：0 分	
三、可行性（8 分）	4. 资金到位（2 分）	（8）设立专用账户	0.5	有：0.5 分；无：0 分	
		（9）资金及时到位率	1.5	≥90%：1.5 分；80%—89.9%：0.5 分；70%—79.9%：0.5 分；＜70%：0 分	

续　表

一级指标	二级指标	三级指标	分值	评分标准	实际得分
三、可行性（8分）	5. 房源到位（2分）	（10）房源到位率	1.5	≥150%：1.5分；120%—149.9%：1分；100%—119.9%：0.5分；＜100%：0分	
		（11）就近安置房源比例	0.5	≥30%：0.5分；＜30%：0.3分；无就近安置房：0分	
	6. 社会稳定风险评估（2分）	（12）风险评估报告	2	低风险：2分；中风险但预案充分、措施有力：1.5分；中风险但预案不充分：1分；高风险或无风险评估报告：一票否决	
	7. 补偿方案制定（2分）	（13）补偿方案的完备性	1	完备：1分；不完备：0分	
		（14）补偿方案的合理性	1	全部合理：1分；存在少数不合理：0.5分；存在较多不合理：0分	
四、合法性（6分）	8. 审批手续的完备性（4分）	（15）改建范围确认批文	1	有：1分；无：一票否决	
		（16）房屋征收决定批文	1	有：1分；无：一票否决	
		（17）国民经济和社会发展年度计划文件	1	有：1分；无：0分	
		（18）列入旧城区改建计划批文	1	有：1分；无：0分	
	9. 房屋征收决定的合法性（1分）	（19）房屋征收决定的行政复议、行政诉讼维持情况	1	没有行政复议、行政诉讼或行政复议、行政诉讼被维持：1分；被撤销：一票否决	
	10. 行政补偿决定的合法性（1分）	（20）行政补偿决定的行政复议、行政诉讼维持率	1	没有行政复议、行政诉讼或行政复议、行政诉讼维持率100%：1分；90%—99.9%：0.5分；＜90%：0分	

续　表

一级指标	二级指标	三级指标	分值	评分标准	实际得分
五、组织建设（7分）	11. 组织框架（5分）	（21）组建领导机构	1	有:1分;无:0分	
		（22）设置房屋面积认定工作组	1	有:1分;无:0分	
		（23）设置住房困难认定工作组	1	有:1分;无:0分	
		（24）设置特殊困难认定工作组	1	有:1分;无:0分	
		（25）设置第三方评议工作组	1	有:1分;无:0分	
	12. 队伍建设（2分）	（26）业务培训	1	组织培训,考核全部合格:1分;组织培训,考核存在不合格:0.5分;不组织培训:0分	
		（27）持证上岗率	1	100%取得上岗资质:1分;存在无资质上岗的:0分	
六、社会参与（12分）	13. 社会参与评估机构确定(1分)	（28）发布评估机构招标公告	0.5	是:0.5分;否:0分	
		（29）评估机构选定的规范性	0.5	是:0.5分;否:0分	
	14. 社会参与补偿方案确定(3分)	（30）征求居民意见	1	座谈会5次以上:1分;1—5次:0.5分;无:0分	
		（31）补偿方案听证	1	是:1分;否:0分	
		（32）补偿方案优化完善	1	是:1分;否:0分	
	15. 意愿征询（2分）	（33）同意改造率	1	≥95%:1分;90%—94.9%:0.5分;＜90%:一票否决	
		（34）投票参与率	1	≥95%:1分;90%—94.9%:0.5分;＜90%:一票否决	

续 表

一级指标	二级指标	三级指标	分值	评分标准	实际得分
六、社会参与（12分）	16. 签约进展（4分）	（35）规定签约期内的签约率	2	≥90%：2分；87%—89.9%，1分；85%—86.9%，0.5分；<85%：一票否决	
		（36）签约率达到100%所用的时间	2	1.5年内：2分；1.5—2年内：1.5分；2—2.5年内：1分；2.5—3年：0.5分；超过3年：0分	
	17. 相关部门参与(1分)	（37）街镇参与	0.5	参与：0.5分；不参与：0分	
		（38）居委会参与	0.5	参与：0.5分；不参与：0分	
	18. 第三方参与(1分)	（39）人大代表和政协委员参与	0.5	参与：0.5分；不参与：0分	
		（40）律师代表参与	0.5	参与：0.5分；不参与：0分	
七、社会公开（11分）	19. 政策公开（2分）	（41）政策法规公开	1	全部公开：1分；部分公开：0.5分；不公开：0分	
		（42）补偿方案公开	1	全部公开：1分；部分公开：0.5分；不公开：0分	
	20. 过程公开（6分）	（43）房屋调查认定结果公开	1	全部公开：1分；部分公开：0.5分；不公开：0分	
		（44）住房保障认定结果公开	1	全部公开：1分；部分公开：0.5分；不公开：0分	
		（45）特殊困难认定结果公开	1	全部公开：1分；部分公开：0.5分；不公开：0分	
		（46）评估单位负责人、工作人员和评估价格公开	1	全部公开：1分；部分公开：0.5分；不公开：0分	

续　表

一级指标	二级指标	三级指标	分值	评分标准	实际得分
七、社会公开(11分)	20. 过程公开(6分)	(47) 房屋征收事务所负责人、工作人员公开	1	全部公开:1分;部分公开:0.5分;不公开:0分	
		(48) 补偿安置签约进展及安置房源使用情况公开	1	全部公开:1分;部分公开:0.5分;不公开:0分	
	21. 结果公开(3分)	(49) 补偿安置结果公开	2	全部公开:1分;部分公开:0.5分;不公开:0分	
		(50) 公开查阅补偿安置结果的覆盖面	1	不限制查阅身份:1分;本基地全部居民可以查阅:0.5分;本基地部分居民(分块)可以查阅:0分	
八、社会公平(10分)	22. 社会监督(2分)	(51) 信访投诉和举报制度	1	完备(受理接待点、举报电话、征求意见箱):1分;比较完备(只有上述部分形式):0.5分;不完备(没有受理接待点、举报电话、征求意见箱):0分	
		(52) 信访投诉和举报处理效果	1	良好(信访矛盾化解及时有效):1分;一般:0.5分;较差(未能及时有效化解):0分	
	23. 结果一致(6分)	(53) 补偿安置操作的规范性	2	规范:2分;比较规范:1分;不规范:0分	
		(54) 补偿结果的前后一致性	2	是:2分;否:0分	
		(55) 补偿结果和审计结果的一致性	2	是:2分;否:0分	

续　表

一级指标	二级指标	三级指标	分值	评分标准	实际得分
八、社会公平(10分)	24. 行政监管(2分)	(56) 行政监管制度的完备性	1	完备(建立制度、实施检查、监察部门参与):1分;比较完备(建立制度、实施检查):0.5分;不完备(无制度或不检查):0分	
		(57) 行政监管制度的有效性	1	良好(改建过程全部符合政策规定):1分;一般(改建过程基本符合政策规定):0.5分;较差:(政府部门工作人员滥用职权,征收事务所采取暴力威胁等方式):0分	
九、社会稳定(14分)	25. 群众工作(3分)	(58) 宣传动员	1	良好:1分;一般:0.5分;差:0分	
		(59) 矛盾化解	1	良好:1分;一般:0.5分;较差:0分	
		(60) 法律服务	1	良好:1分;一般:0.5分;较差:0分	
	26. 强制比例(4分)	(61) 行政补偿决定比例	2	无:2分;＜1%:1.5分;1%—3%:1分;3%—5%:0.5分;＞5%:0分	
		(62) 司法强制执行比例	2	无:2分;＜1%:1.5分;1%—2%:1分;2%—3%:1分;＞3%:0分	
	27. 上访比例(3分)	(63) 无正当理由到本地区党委政府上访比例	0.5	无:0.5分;≤10%:0.3分;＞10%:0分	

续　表

一级指标	二级指标	三级指标	分值	评分标准	实际得分
九、社会稳定（14分）	27. 上访比例（3分）	（64）无正当理由到市委市政府上访比例	1	无：1分；≤5%：0.5分；>5%：0分	
		（65）无正当理由进京上访比例	1.5	无：1.5分；≤1%：1分；1%—2%：0.5分；>2%：0分	
	28. 社区安全（2分）	（66）突发事件或安全事故发生情况	1	不发生：1分；发生一般性突发事件或安全事故：0分；发生重大生产安全事故：一票否决	
		（67）应急处置能力	1	良好（有应急处置预案，处置及时有力）：1分；一般（有应急处置预案，处置一般）：0.5分；较差（无应急处置预案或处置较差）：0分	
	29. 环境卫生（2分）	（68）市容卫生	1	良好（无上述情况）：1分；一般（存在个别上述情况）：0.5分；较差（存在较多上述情况）：0分	
		（69）物业服务	1	良好：1分；一般：0.5分；较差：0分	
十、社会效果（10分）	30. 居住条件（2分）	（70）人均居住面积增加	2	有增加且等于或高于本地区上年度人均居住面积：2分；有增加但仍低于本地区上年度人均居住面积：1分；没有增加：0分	
	31. 制度建设（4分）	（71）形成成熟的旧改征询制度	1	良好：1分；一般：0.5分；无：0分	
		（72）形成民主公平的公开制度	1	良好：1分；一般：0.5分；无：0分	

续 表

一级指标	二级指标	三级指标	分值	评分标准	实际得分
十、社会效果（10分）	31. 制度建设（4分）	（73）形成规范有效的监管制度	1	良好：1分；一般：0.5分；无：0分	
		（74）形成有效的旧改矛盾化解机制	1	良好：1分；一般：0.5分；无：0分	
	32. 成本控制（2分）	（75）超过投资估算比例	2	⩽0％：2分；0％—3％：1分；＞3％：0分	
	33. 治安改善（1分）	（76）周边区域治安案发率	1	下降：1分；不变或上升：0分	
	34. 环境卫生景观改善（1分）	（77）环境卫生景观得到改善	1	显著改善：1分；一般改善：0.5分；没有改善：0分	
十一、社会满意度（9分）	35. 安置方式和安置结果满意度（3分）	（78）货币补偿满意度	1	＞90％：1分；80％—90％：0.6分；70％—80％：0.3分；＜70％：0分	
		（79）异地安置满意度	1	＞90％：1分；80％—90％：0.6分；70％—80％：0.3分；＜70％：0分	
		（80）就近安置满意度	1	＞90％：1分；80％—90％：0.6分；70％—80％：0.3分；＜70％：0分	
	36. 旧改过程满意度（4分）	（81）旧改社会动员满意度	1	＞90％：1分；80％—90％：0.6分；70％—80％：0.3分；＜70％：0分	
		（82）旧改规范程度满意度	1	＞90％：1分；80％—90％：0.6分；70％—80％：0.3分；＜70％：0分	

续　表

一级指标	二级指标	三级指标	分值	评分标准	实际得分
十一、社会满意度（9分）	36. 旧改过程满意度（4分）	（83）旧改工作人员作风建设满意度	1	＞90%：1分；80%—90%：0.6分；70%—80%：0.3分；＜70%：0分	
		（84）旧改政策执行情况满意度	1	＞90%：1分；80%—90%：0.6分；70%—80%：0.3分；＜70%：0分	
	37. 社会关系满意度（2分）	（85）邻里关系满意度	1	＞90%：1分；80%—90%：0.6分；70%—80%：0.3分；＜70%：0分	
		（86）社会交往圈满意度	1	＞90%：1分；80%—90%：0.6分；70%—80%：0.3分；＜70%：0分	
十二、社会影响（6分）	38. 媒体正面宣传(2分)	（87）媒体正面宣传	2	国家级：2分；市级：1.5分；地区级：1分；无：0分	
	39. 表彰奖励（2分）	（88）表彰奖励	2	国家级：2分；市级：1.5分；地区级：1分；无：0分	
	40. 群众表扬（2分）	（89）群众表扬	2	≥10%群众表扬：2分；5%—10%：1.5分；＜5%：1分；没有：0分	
十三、社会创新（10分）	41. 改造方式创新(2分)	采用业主自主改造、旧住房拆除重建等改造方式，不具体设置三级指标	2	每一个创新做法或成功经验，加1分，不超过2分	
	42. 融资方式创新(2分)	利用社会资金或其他方式融资，包括社会基金、发行债券、中期票据、住房公积金等方式，不具体设置三级指标	2	每一个创新做法或成功经验，加1分，不超过2分	

续 表

一级指标	二级指标	三级指标	分值	评分标准	实际得分
十三、社会创新(10分)	43. 工作机制创新(2分)	在改造实施过程中采用了各种有效做法,如评议机制、群众机制、矛盾化解机制、党建联建机制、公开公平机制等,不具体设置三级指标	2	每一个创新做法或成功经验,加 1 分,不超过 2 分	
	44. 历史建筑保护利用创新(2分)	在旧区改造实施过程中对具有保留保护价值的历史建筑进行严格保护和合理利用,不具体设置三级指标	2	每一个创新做法或成功经验,加 1 分,不超过 2 分	
	45. 其他创新(2 分)	除上述四个二级指标外,凡是有助于旧城区改建推进、又有推广普及使用的做法和经验,都可以认定为创新型成功做法,不具体设置三级指标	2	每一个创新做法或成功经验,加 1 分,不超过 2 分	

注:前 12 项一级指标为基本项指标,共 100 分;第 13 项一级指标为引导项指标,共 10 分。总共 110 分。

附录 2
参考文献

《上海建设》编辑部编:《上海建设(1949—1985)》,上海科学技术文献出版社 1989 年版。

《上海建设》编辑部编:《上海建设(1991—1995)》,上海科学技术文献出版社 1996 年版。

《上海建设》编辑部编:《上海建设(1996—2000)》,上海科学技术文献出版社 2001 年版。

《上海住宅》编辑部编:《上海住宅(1949—1990)》,上海科学普及出版社 1993 年版。

《上海住宅建设志》编纂委员会编:《上海住宅建设志》,上海社会科学院出版社 1998 年版。

CURF 丁丁整理:《上海新天地:世界级复合功能都心区》,https://mp.weixin.qq.com/s/pW5ZqNg82UEB7vhfkmZiYw。

RQ:《上生・新所:一座具有"沉浸感"的街区是如何养成的?》,https://mp.weixin.qq.com/s/3Zng_Tcosf05zsdWPuP0aQ。

彼得・罗伯茨、休・塞克斯主编:《城市更新手册》,叶齐茂、倪晓晖译,中国建筑工业出版社 2009 年版。

陈月芹:《上海旧改加速》,http://m.eeo.com.cn/2020/0808/397122.shtml。

地新引力:《历时 8 年的建业里改造,一种充满争议的城市更新模式》,https://mp.weixin.qq.com/s/y2nBD80qy0JfGB1mcGgExw。

董志雯:《人民城市工作室聚焦上海杨浦:"生活秀带"展新颜　人民城市的幸福样本》,http://sh.people.com.cn/n2/2021/1101/c134768-34984980.html。

杜晨薇、唐烨、周楠:《上海:旧改提速　多途径保护城市记忆》,载《解放日报》

2019 年 10 月 21 日。

杜晨薇、唐烨、周楠：《上海：旧改提速　多途径保护城市记忆》，载《解放日报》2019 年 10 月 21 日。

杜位彬：《英国伦敦考察之感想》，http://blog.12371.gov.cn/dwb_2009/archive/25890.aspx。

高洋洋：《活化利用百年工业遗存，上海杨浦滨江"工业锈带"巧变"生活秀带"》，http://www.chinajsb.cn/html/201911/18/6151.html。

关小西：《曹杨新村：上海的工人新村变迁史》，https://zhuanlan.zhihu.com/p/122979022。

国泰君安发布：《助力上海可持续更新和发展，百亿上海城市更新引导基金正式启航》，https://mp.weixin.qq.com/s/-eQ60uXx2Z32pxyr2nQLCA。

何雅君：《打浦桥斜三基地危棚简屋变"花园"——黄浦区首开先河，通过土地批租加速旧区改造》，载《新闻晨报》2018 年 7 月 2 日，https://www.shxwcb.com/179753.html。

华程天工：《城市更新——田子坊城市规划前后的变化对比》，http://www.zhczcity.com/tsnews/981.html。

黄志宏：《西方国家旧城改造与贫困社区的可持续发展——纽约市旧城改造成功经验启示》，载《城市》2006 年第 6 期，第 31—34 页。

李其荣：《对立与统一——城市发展历史逻辑新论》，东南大学出版社 2000 年版。

刘瑞：《危棚简屋变身高楼，上海这个地块首开先河用土地批租改造旧区》，载《澎湃新闻》2018 年 7 月 2 日，https://www.thepaper.cn/newsDetail_forward_2232790。

刘素楠：《城市更新如何破解"天下第一难"？上海"黄浦模式"揭秘旧改背后的情理法》，https://www.jiemian.com/article/6647493.html。

刘宣：《旧城更新中的规划制度设计与个体产权定义——新加坡牛车水与广州金花街改造对比研究》，载《城市规划》2009 年第 8 期，第 18—25 页。

卢汉龙、周海旺、杨雄、李骏主编：《上海社会发展报告(2021)》，社会科学文献出版社 2021 年版。

倪慧、阳建强：《当代西欧城市更新的特点与趋势分析》，载《现代城市研究》2007 年第 6 期，第 19—26 页。

潘律法苑：《上海市旧改动迁征收中的"数砖头"和"数人头"》，https://c.m.163.

com/news/a/G1TJ71K90551W1LL.html。

上海城市创新经济研究中心:《纽约、伦敦、东京无法解决的问题,上海是如何做到的?》,https://www.sohu.com/a/336909995_748530。

上海房产经济学会虹口分会课题组:《虹口区新一轮旧住房改造的调研报告》,载《上海房地》2002 年第 6 期,第 53—54 页。

上海市城乡建设和交通委员会:《上海市旧区改造"十二五"发展规划》,http://www.shjjw.gov.cn/gb/jsjt2009/node13/node1515/node1518/userobject7ai4835.html。

上海市卢湾区志编纂委员会编:《卢湾区志》,上海社会科学院出版社 1998 年版。

上海市人民政府:《关于坚持留改拆并举,深化城市有机更新,进一步改善市民群众居住条件的若干意见》(沪府发〔2017〕86 号),2017 年 11 月 9 日。

上海市人民政府:《上海市人民政府关于印发〈上海市住房发展"十三五"规划〉的通知》(沪府发〔2017〕46 号),2017 年 7 月 6 日。

上海市人民政府新闻办公室:《上海举行新闻发布会介绍上海市旧区改造工作相关情况》,http://www.scio.gov.cn/m/xwfbh/gssxwfbh/xwfbh/shanghai/Document/1705028/1705028.htm。

施建刚:《积极引入社会资本参与上海旧区改造》,载《科学发展》2020 年第 3 期,第 98—107 页。

唐烨:《上海旧改提速原来从这个地方起步,曾经的"滚地龙"地块今天变成什么样了》,载《上观新闻》2020 年 6 月 9 日,https://www.jfdaily.com.cn/staticsg/res/html/web/newsDetail.html?id=257378&sid=67。

唐烨:《上海五六十年代厨卫合用老公房,原地改造成高颜值电梯房》,https://www.thepaper.cn/newsDetail_forward_2040060。

唐烨:《这是上海哪里?"我们目光扫射别人,并不胆怯,别人看我们,我们不会不舒服"》,https://www.shobserver.com/news/detail?id=382615。

同济大学建筑与城市空间研究所、株式会社日本设计:《东京城市更新经验——城市再开发重大案例研究》,同济大学出版社 2019 年版。

万勇:《上海旧区改造的历史演进、主要探索和发展导向》,载《城市发展研究》2009 年第 11 期,第 97—101 页。

王成广:《国外(地区)旧区改造经验借鉴》,载《上海房地》2003 年第 1 期,第 59—61 页。

王文忠、毛佳樑、张洁等:《上海 21 世纪初的住宅建设发展战略》,学林出版社 2000 年版。

王月华:《“两条腿一起跑”!黄浦单位征收和居民征收一样“出彩”》,https://www.thepaper.cn/newsDetail_forward_15842662。

乌白说生活:《百年滨江工业带的新生——土地储备支撑上海杨浦滨江城市更新》,https://www.163.com/dy/article/GOPUOP2D054534HP.html。

伍江等:《上海改革开放40年大事研究·卷七·城市建设》,上海人民出版社2018年版。

夏天:《广厦千万间,寒士俱欢颜——庆祝中华人民共和国成立70周年上海旧区改造纪实》,载《上海房地》2019年第7期,第2—5页。

项光勤:《发达国家旧城改造的经验教训及其对中国城市改造的启示》,载《学海》2005年第4期,第192—193页。

徐成龙:《修建改造十五载,建业里之于上海的最终意义是什么?》,https://mp.weixin.qq.com/s/yoRHy2br_i5ZQ0YXEIK5EQ。

杨华凯:《上海旧区改造项目资金平衡的对策》,载《科学发展》2020年第5期,第104—108页。

杨浦区委组织部:《杨浦区大桥街道:发挥党建联建作用,按下旧改“加速键”》,https://www.shjcdj.cn/djWeb/djweb/web/djweb/index/index!info.action?articleid=ff80808173e353f80173fc3301cb007c。

杨玉红:《国企赋能 上海旧改驶入“快车道”》,载《新民晚报》2020年7月14日,2版。

姚栋、杨挺、孙婉桐、王瑶:《城市更新中就近安置的居民满意度评价——以上海河间路保障房项目为例》,载《中国名城》2022年第2期,第66—75页。

佚名:《“工业锈带”转型“生活秀带”——上海杨浦滨江工业带更新改造纪实》,载《经济日报》2021年3月28日。

佚名:《上海大规模旧改进入收尾阶段,今年将完成成片二级旧里以下房屋改造70万平方米》,https://hot.online.sh.cn/content/2021-05/13/content_9758988.htm。

佚名:《上海旧区改造引入政府购买服务》,载《中国政府采购报》2016年8月30日。

佚名:《上生·新所——城市更新“网红”案例》,https://www.sohu.com/a/313239859_188910。

於晓磊:《上海旧住宅区更新改造的演进与发展研究》,同济大学博士论文,2008年。

张铠斌:《上海城市更新制度建设的思考》,http://www.zcyj-sh.com/newsinfo/

2304413.html。

张松:《城市生活遗产保护传承机制建设的理念及路径——上海历史风貌保护实践的经验与挑战》,载《城市规划学刊》2021年第6期,第100—108页。

张中夫:《德国的旧区改造》,载《城市》1994年第1期,第31—32页。

长宁区委组织部:《长宁区天山路街道:探索"党建+"模式 推进旧居综合改造》,https://www.shjcdj.cn/djWeb/djweb/web/djweb/index/index!info.action?articleid=ff8080817574d9dd0175cbf33c170473。

中共上海市黄浦区委员会:《新时代党建引领推进宝兴里旧改群众工作"十法"的探索与实践》,https://mp.weixin.qq.com/s/JyRM4biX95VJ3uNyrs2sag。

周丽莎:《香港旧区活化的政策对广州旧城改造的启示》,载《现代城市研究》2009年第2期,第35—38页。

A. MeGregor and M. McConnachie: "Social Exclusion, Urban Regeneration and Economic Reintegration," in *Urban Studies*, 1995, 32(10):1587—1600.

P. Healey: "A Strategic Approach to Sustainable Urban Regeneration," in *Journal of Preoperty Development*, 1997, 1(3):105—110.

V. A. Hausner: "The future of urban development," in *Royal Society of Arts Journal*, 1993, 141(5441):523—333.

后　记

城市是一个生命有机体，自产生以来，时时刻刻处于不断的发展演变和更新过程当中。一座城市发展的漫长发展过程，实际上就是一部宏大的城市更新史。由于经济发展阶段的原因，西方发达国家城市更新已经历了多轮发展阶段，也积累较为丰富的实践经验。中国的一些大城市自改革开放以来，重点解决的是棚户区、大面积二级旧里以下老旧小区等的旧区改造工作，随着这一任务的逐步完成，国内一些大中城市开始全面进入小规模、渐进式、精细化的城市更新阶段，这也是我国城市化发展水平达到60%以上时必然出现的现象和城市规律使然。因此，中国的城市更新是一个刚刚启动的广阔研究领域，值得大家一起好好探索研究。

笔者自2010年以来，相继参与了时任上海社科院社会发展研究院院长卢汉龙研究员主持、国家住房与城乡建设部立项的《城市旧区改造中的模式创新试点研究》(项目编号2009-R2-1)、《城市更新与旧城区改建社会评价体系研究》(项目编号2011-R2-17)等课题研究，对城市更新产生了浓厚兴趣，也积累了一定的资料。2018年以来，在机缘巧合下，笔者承接并完成了上海安佳动拆迁有限公司委托的《上海旧区改造40年发展历程与经验研究》、杭州国际城市学研究中心浙江省城市治理研究中心2019年第九届钱学森城市学金奖资助课题《中国城市旧区改造模式转型发展研究》，对上海旧区改造、城市更新的发展历程、现状及问题等进行了较为全面的梳理和总结。本书就是笔者近十年参与这些课题研究所形成的一个集成性成果，是对上海城市建设发展从旧区改造到城市更新的一个历史回顾、经验总结和未来展望。具体工作分工如下：第一章，全部由陶希东完成；第二章，由薛泽林（第一节到第四节）、陶希东（第五节）合作完成；第三章，全部由陶希东完成；第四章，由陶希东（静安街道、宝兴里、新天地、建业里、杨浦滨江、上生·新所案例）、陈则明（田子坊、八号桥、外滩源案例）合作完成；第五章，由陶希东（第一节、第二节）、陈则明（第三节）合作完成；第六章，由陶希东（第一节、第二节第一目）、陈则明（第二节的第二、三、四目）合作完成；第七章，由陶希东（第一节、第二节、第三节）、陈则明（第四节）合作完成；第八章，为国家住房与城乡建设部立项课题《城市更新与旧城区改建社会评价体系研究》成果节选部分，由中国房地产研究会牵头（具体由时任中国房地产研究会顾问、上海正业房地产开发有限公司董事长周宝才先生统筹协调），上海市旧改办、上海社会科学院社会发展研究院、上海安佳房地产动拆迁有限公司合作完成，具体在时任市旧改办赵德和处长，时任上海市房产经济学会副秘书长卫国昌，时任上海安佳动拆迁有限责任公司总经理张国樑、时任上海社会科学院社会发展研究院院长卢汉龙研究员等领导的指导下，由周建梁、陶希东、陈则明三人分别执笔，合作而成。全书策划、统筹、修改、定稿都由陶希东负责完成。

城市更新是一个内容非常广泛、深入的跨科学研究议题，本书只是一个对上海旧区改造和城市更新历史过程的历史回顾，初步归纳总结了一些成熟的经验，但有很多问题缺乏应有的深度研究，希望往后有机会继续跟该领域的专家学者和一线实践工作者学习，继续研究，共同推动上海城市更新更加出彩，为共建共治共享美丽城市家园添砖加瓦。

在此，特别感谢时任上海安佳动拆迁有限责任公司总经理张国樑先生给予城市更新工作的关心和课题资助。感谢杭州国际城市学研究中心（浙江省城市治理研究中心）钱学森城市学金奖给予的课题研究资助。对为整个课题研究提供指导、帮助、支持的政府部门与企业领导，所参考的已经发表成果的专家学者，参与当时评价体系中试的居民代表等，在此一并表示最诚挚的谢意！感谢上海社会科学院给予的出版资助。感谢上海人民出版社吕子涵、于力平编辑付出的辛苦劳动和指导。

作　者

2022年5月9日于上海

图书在版编目(CIP)数据

从旧区改造到城市更新：上海实践与经验/陶希东，
陈则明，薛泽林著.—上海：上海人民出版社，2022
（上海社会科学院重要学术成果丛书.专著）
ISBN 978-7-208-17931-8

Ⅰ.①从… Ⅱ.①陶… ②陈… ③薛… Ⅲ.①旧城改造-研究-上海 Ⅳ.①TU984.251

中国版本图书馆 CIP 数据核字(2022)第 169675 号

责任编辑 吕子涵 于力平
封面设计 路 静

上海社会科学院重要学术成果丛书·专著
从旧区改造到城市更新：上海实践与经验
陶希东 陈则明 薛泽林 著

出 版 上海人民出版社
（201101 上海市闵行区号景路159弄C座）
发 行 上海人民出版社发行中心
印 刷 苏州工业园区美柯乐制版印务有限责任公司
开 本 720×1000 1/16
印 张 14.5
插 页 4
字 数 187,000
版 次 2022年10月第1版
印 次 2022年10月第1次印刷
ISBN 978-7-208-17931-8/F·2771
定 价 68.00元